생명의 나무
바오밥

생명의 나무
바오밥

글·사진 **김기중**

GEOBOOK 지오북

✦ 『생명의 나무 바오밥』을 펴내며

어린 시절, 농촌의 초등학교 도서실에서 생텍쥐페리의 『어린왕자』를 읽으면서 필자는 동심을 키웠습니다. 『어린왕자』 속의 바오밥 나무, 장미, 소행성, 사막, 양, 보아뱀, 코끼리, 여우, 비행기 등의 삽화와 묘사는 어린 저에게 상상 속의 소재들이었습니다. 그 중 소행성을 덮어버리는 바오밥 나무는 공포와 동경의 대상이기도 하였습니다. 식물학자로 성장한 필자는 아프리카, 마다가스카르, 호주 등의 바오밥 자생지들을 연구할 기회가 생겼습니다. 그곳에서 본 바오밥 나무들은 동화 속의 이미지와는 달리 친근하고 정이 가는 식물이었습니다.

일반 식물들과 크게 달라 보이는 바오밥 나무는 끊임없이 동화, 소설, 영화, 사진, 기타 예술가들의 작품 소재가 되어 왔고, 그 독특한 모양은 식물학자들에게 생태환경, 생활사, 진화 등을 이해하는 연구 소재가 되기에 충분했습니다.

바오밥속(Adansonia) 식물은 총 9종이 지구상에 생육하는데, 아프리카 대륙에 2종, 호주 북서부에 1종, 아프리카 동남쪽의 섬나라인 마다가스카르에 6종이 분포합니다. 이 중 한 종은 최근인 2012년에야 아프리카 대륙 산악지대에서 새로 발견되어, 학계에 보고되었습니다. 바오밥 나무는 우기와 건기가 뚜렷하게 구분되는 열대 및 아열대 지역에 생육하며, 건기에 적응하는 과정에서 줄기가 다육식물로 적응한 내건성이 강한 식물입니다. 그 결과 바오밥 나무는 불에 잘 타지 않고, 척박한 환경에서도 생명력이 강하며, 속씨식물 중 가장 오래 사는 식물로 알려져 있습니다.

바오밥 나무의 열매는 식용, 줄기껍질은 섬유자원, 잎은 화장품 원료 및 가축의 먹이로 널리 이용되므로, 원주민들의 삶과 깊은 관계를 맺고 있습니다. 또한 일반 나무를 뽑아서 거꾸로 뒤집어 놓은 것 같은 독특한 모양, 크게 자라고 속이 비어있는 줄기, 재생 능력이 뛰어난 식물체 등의 특징은 원주민들에게 수많은 미신과 이야깃거리를 제공하여 주고 있습니다. 따라서, 바오밥 나무는 분포하는 지역의 원주민 문화와도 밀접한 관련이 있습니다. 이렇듯 독특한 특징이 있는 바오밥 나무는 오랜 시간 인간과 함께 하면서, 자연과 인간의 문제에 대해 깊이 생각하게 했습니다. 그러나 인간의 탐욕으로 마다가스카르에 분포하는 3종은 멸종위기에 처해 있으며, 나머지 종들도 서식지가 위협 받고 있어서 보호가 필요합니다.

필자는 지난 수년 동안 바오밥 나무들이 자생하는 아프리카 대륙을 2회, 마다가스카르를 6회, 호주 북서부를 2회 다녀왔습니다. 그리고 마다가스카르의 학자들과 바오밥 보존 연구를 함께해 왔습니다. 이 책은 식물학자의 눈으로 바오밥 나무들의 생육환경, 생활사, 특징, 다양성, 이용, 토속민들의 생활과의 관계 등을 관찰하고 사진으로 기록한 자료와 학자들과의 공동 연구를 바탕으로 저술하였습니다. 그리고 자생지에서 바오밥 나무를 관찰한 자료와 함께, 직접 바오밥 종들

생텍쥐페리의 『어린왕자』에 등장하는 바오밥 나무

을 온실에서 키운 결과를 기초로, 현재까지 출판된 거의 모든
바오밥에 관한 논문과 출판문헌들을 참고하여 기술하였습니다.
특히, 종 기재에 관련하여 출판문헌 중 부정확한 기술은 필자의 관
찰 결과를 바탕으로 수정하였습니다. 책에 공개하는 GPS 좌표는 필자가 직접 채집 또는 사진을
찍으면서 기록한 것입니다. 대부분의 사진도 필자가 직접 촬영한 것이지만, 확보하지 못한 2장의
사진은 바오밥 연구자들로부터 제공받았습니다.

그동안 바오밥 나무를 관찰하고 학자들과 연구를 함께하면서 바오밥 나무와 인간의 공존 문제
를 인식하게 되었습니다. 그래서 이 책을 통해 바오밥 나무가 얼마나 가치 있는지 독자들께 전하
고자 합니다. 아울러 바오밥 나무를 찾아 미지의 여행을 계획하는 독자들에게는 여행지침서, 자
연을 소재로 하는 예술가들에게는 작품소재를 찾는 안내서, 식물학자들에게는 바오밥의 다양성
을 이해하는 전문서가 되길 바랍니다.

최근에 키리마바오밥을 학계에 보고하고 키리마바오밥의 꽃 사진을 제공해주신 호주의 Jack
Pettigrew 박사, 바오밥에 관한 여러 논문을 출판하고 국제적 멸종위기종인 페리에바오밥의 꽃
사진을 제공하여 주신 미국 위스콘신주립대학의 David Baum 박사에게 감사드립니다. 그리고
마다가스카르 현지 조사에 많은 도움을 주신 안타나나리보국립대학의 Ramarosandratana Aro
Vonjoy 박사, Vololoniaina Jeannoda 박사, 안치라나나의 Rasonianaivo Andrianjatovo, 무룬
다바의 Ramanandraibe Andry Nirina, Remi Rolland, 툴레아의 Michel Balbine에게도 감사드
립니다. 또한 말라리아, 황열병, 거머리, 개미 등의 여러 위험이 있는 아프리카 오지의 채집여행
에 동행해준 아내 김보경에게도 감사드립니다. 그리고 고려대학교 온실에서 바오밥 나무의 증식
과 원고 교정을 도와준 고려대학교 식물계통학 연구실의 양소영, 김회원, 천세환, 김영기, 조상진,
우민아, 손정연에게도 감사드립니다. 바오밥 종들의 꽃, 잎, 줄기, 열매, 종자, 섬유 등의 표본뿐
아니라 DNA 등 다양한 재료는 고려대학교 식물표본관과 한국의 식물 DNA 은행에 소장되어 연
구에 활용되고 있습니다. 마지막으로, 이 책이 현재의 모습으로 출판될 수 있도록 심혈을 기울여
주신 지오북의 황영심 사장과 편집진에게도 깊은 감사를 드립니다.

2014년 10월

김 기 중

CONTENTS

Part II   세계의 바오밥

Part III   바오밥을 찾아가는 길

Part I

바오밥에 대하여
Introduction to Baobabs

마다가스카르 안다바두아카의 모양이 서로 다른 그랑디디에바오밥 나무들

01 바오밥의 다양성

우리 인간은 각자의 존엄을 최고의 가치로 평가한다. 모든 사람은 생물학적으로 한 종이지만, 각 개체가 갖는 고유한 얼굴 형태, 체형, 성격, 목소리, 행동, 지문, 눈빛, 인상, 그리고 DNA 등 각자 고유한 특징을 갖고 있다. 우리는 이를 인지하며 이 다양성을 각자의 인격으로 존중한다. 따라서 한 종에 불과한 우리가 세상의 전부인 양 착각 속에 살아간다. 그러나 우리 인간과 지구상에 함께 살아가는 생물들을 인지할 때, 우리는 각 생물의 개체보다는 종 또는 종군으로 인지하는 성향이 강하다. 즉, 침팬지, 고릴라, 오랑우탄, 개미류, 모기류, 파리류 등으로 인지한다. 더구나 식물종일 경우에는 대부분의 사람들이 종의 인지는커녕 그저 우리 주변에 많이 이용되는 식물이 아니면 잡초, 잡목, 초본, 나무, 목본, 관목 등으로 인지한다. 그러나 인간과 마찬가지로 지구상에 살아가는 모든 생물들은 동일 종 내의 개체들일지라도 제각각

마다가스카르 무룬다바 바오밥거리의 서로 다른 그랑디디에바오밥 나무들

고유한 형태적·유전적 특성을 지니고 살아간다. 다만 우리 인간이 이러한 개체의 다양성을 쉽게 인지하지 못할 뿐이다.

지구상에 생육하는 30만 종에 이르는 식물종 중, 그래도 각 개체의 존재와 다양성을 쉽게 관찰하고 느끼기에 가장 쉬운 식물은 바오밥일 것으로 필자는 확신한다. 바오밥 나무들은 크기가 크고, 수형이 다양하며, 사는 환경에 따라 적응하는 능력이 탁월하여 각 개체 간의 다양성을 쉽게 인지할 수 있기 때문이다. 모든 개체가 조금씩 다른 바오밥 나무들을 보고 있노라면, 마치 현대를 살아가는 각기 다른 우리 인간 개체들의 다양성을 투영해 보는 듯하다.

따라서 필자는 『생명의 나무 바오밥』을 통하여 독자들이 우리 인간의 다양성과 마찬가지로 바오밥의 다양성을 이해하는 계기가 되길 바란다. 나아가 다른 식물 종 내 및 종 간 다양성에도 보다 많은 관심을 갖길 바란다.

바오밥(*A. digitata*)

02 바오밥이란?

바오밥은 바오밥속(*Adansonia*)에 속하는 9종의 식물을 총칭한다. 아프리카 대륙에 2종, 마다가스카르에 6종, 호주 북부에 1종이 있는데, 주로 건기와 우기가 뚜렷한 열대에서 아열대 지역의 반사막지대에 생육한다. 건기에 잎이 떨어지는 낙엽성 교목으로 줄기가 뚱뚱한 것이 특징이다. 우기에는 줄기에 물을 저장하였다가 건기에 이를 사용하여 살아가는 적응력이 탁월한 식물이다. 속명인 아단소니아(*Adansonia*)는 프랑스 박물학자 아단손(Michel Adanson, 1727~1806)의 이름을 채용한 것이다.

이 책에서 필자가 사용한 바오밥속에 속하는 9종의 우리말 이름, 학명과 대략적인 자생 분포지는 다음과 같다.

키리마바오밥(*A. kilima*)

아프리카의 바오밥

- 바오밥(*A. digitata* L.) - 아프리카 저지대
- 키리마바오밥(*A. kilima* Pettigrew et al.) - 아프리카 고산지대

호주의 바오밥

- 호주바오밥(*A. gregorii* F. Muell.) - 호주 북서부

마다가스카르의 바오밥

- 그랑디디에바오밥(*A. grandidieri* Baillon) - 마다가스카르 서부
- 수아레즈바오밥(*A. suarezensis* H. Perrier) - 마다가스카르 북부
- 페리에바오밥(*A. perrieri* Capuron) - 마다가스카르 북부
- 마다가스카르바오밥(*A. madagascariensis* Baill.) - 마다가스카르 북부-북서부
- 루브로스티파바오밥(*A. rubrostipa* Jum. & H. Perrier) - 마다가스카르 서부-서남부
- 자바오밥(*A. za* Baill.) - 마다가스카르 북서부-서부-남서부

01 호주바오밥(*A. gregorii*) 02 그랑디디에바오밥(*A. grandidieri*)

03 수아레즈바오밥(*A. suarezensis*)

04 페리에바오밥(*A. perrieri*) 05 루브로스티파바오밥(*A. rubrostipa*)

06 마다가스카르바오밥(*A. madagascariensis*) 07 자바오밥(*A. za*)

줄기

바오밥속 식물들은 모두 장수하는 큰 나무들로, 줄기가 병 모양에서 원통형으로 퉁퉁하고, 수관은 비교적 작은 것이 특징이다. 어린 나무들은 보통 줄기 아래쪽이 더 넓고 위쪽이 좁은 형태로 날씬하게 자라지만, 시간이 지나면서 퉁퉁하게 변한다. 강수량이 적은 건조한 지역에 적응한 종일수록 줄기가 퉁퉁한 경향이 강하며, 강수량이 많은 지역에 적응한 종일수록 일반 나무같이 줄기가 길게 자라는 특성이 관찰된다. 예로 마다가스카르 서남부에 적응한 종들은 북부에 적응한 종보다 줄기가 더 퉁퉁하다. 이와 같은 경향성은 같은 종 내에서도 분포지의 강수량 및 토양염도에 따라서 나타나기도 한다. 예를 들면, 그랑디디에바오밥의 경우 무룸베 바닷가에서 자라는 나무는 뚱뚱하고 키가 작은 반면 내륙 쪽에서 자라는 나무는 보다 덜 뚱뚱하고 높이 자란다. 일반 나무에서 줄기가 퉁퉁하면 목재가 단단한 것과는 달리, 바오밥 나무는 수분을 저장하는 푸석푸석한 섬유질이 방사상으로 배열되어 있어 목재가 매우 약하다. 건기에 수분함량이 감소하면 줄기가 약간 홀쭉해지는 경향이 있고, 우기에

01 검붉은색의 수아레즈바오밥 줄기 02 회백색의 마다가스카르바오밥 줄기 03 회백색의 자바오밥 줄기
04 섬유를 제거한 뒤 아문 그랑디디에바오밥 줄기 05 회백색의 페리에바오밥 줄기
06 광합성을 하는 그랑디디에바오밥의 녹색 잔가지

는 물을 흡수하여 뚱뚱해진다. 줄기 안쪽은 푸석푸석하고 강도가 약한 반면, 줄기 바깥쪽은 비교적 단단한 목재조직이 발달되어 식물체를 지지하는 기능을 한다. 나무껍질 안쪽에는 섬유조직이 수직으로 길게 발달되어 있는데, 바오밥 분포지의 주민들은 바오밥 나무의 줄기껍질을 벗겨 섬유조직(체관섬유)을 분리한 후 지붕, 로프, 바구니, 기념품, 방석 등 여러 가지 생활용품을 만든다. 바오밥 나무는 껍질을 부분적으로 제거하더라도 재생 능력이 뛰어나 시간이 지나면 다시 회복되며, 많은 바오밥 나무들에서 섬유를 채취한 상처를 관찰할 수 있다. 바오밥의 어떤 종들은 잎이 없는 긴 건기 동안에 어린 가지의 섬유층 바깥쪽 껍질에 녹색색소가 있어 광합성을 한다. 대부분의 바오밥 나무는 주 줄기가 하나이지만 생장과정에서 생장점에 영향을 줄 수 있는 사이클론이나 돌발적인 기후 또는 인간과 리머와 같은 동물에 의하여 생장점이 상해를 입으면 주 줄기가 나뉘는 경우도 종종 발생한다. 따라서 줄기가 나뉘거나 곁가지들이 자라는 등 줄기 모양이 다양하게 변형되어 자라기도 한다.

01 바오밥의 장상복엽(*A. digitata*) 02 잎이 작은 키리마바오밥(*A. kilima*)

03 잎이 좁은 그랑디디에바오밥(*A. grandidieri*) 04 거치가 있는 루브로스티파바오밥(*A. rubrostipa*)

05 작은잎자루가 길게 발달한 자바오밥(*A. za*) 06 작은잎의 끝이 뾰족한 호주바오밥(*A. gregorii*)

07 수아레즈바오밥 잎의 앞면과 뒷면(*A. suarezensis*) 08 마다가스카르 북부에 분포하는 마다가스카르바오밥-왼쪽(*A. madagascariensis*), 수아레즈바오밥-가운데(*A. suarezensis*), 페리에바오밥-오른쪽(*A. perrieri*)의 잎 비교

09-11 마다가스카르바오밥 잎의 성숙단계(*A. madagascariensis*)

잎

바오밥 나무의 잎은 손가락 모양으로 갈라지는 장상복엽이며, 작은잎의 수는 3~12 개인데, 주로 5~9개가 흔하다. 그러나 종자에서 발아하는 어린 묘(유묘) 및 재생되는 가지에서 발달하는 잎의 경우 단엽이나 3출엽도 볼 수 있다. 특히, 유묘의 경우 떡 잎 위쪽 잎들은 주로 1개의 작은잎으로 구성되어 있고, 자라면서 점진적으로 3출엽, 5출엽의 순으로 작은잎의 수가 증가하는 것이 특징이다. 큰 나무의 잎은 주로 가지 끝에 발달한 짧은 가지 축에 어긋나게 달리므로 멀리서 보면 잎이 가지 끝에 모여 달리는 것 같다. 잎은 일찍 떨어지는(조락성) 작은 턱잎을 갖는데, 마다가스카르 특 산인 페리에바오밥의 경우는 턱잎이 떨어지지 않고 잎과 함께 남아 있기도 한다. 잎 자루는 5cm 이상으로 길고, 작은잎자루는 없거나 있는데, 자바오밥의 경우 종 내에 서도 작은잎자루의 길이는 분포 지역에 따라 변이가 있다. 잎 가장자리는 주로 거치 가 없고 밋밋(전연)하지만 루브로스티파바오밥의 경우는 톱니 모양의 거치가 있어서 잎만 보아도 다른 종들과 쉽게 구분된다. 잎의 표면에는 발달단계 및 종에 따라 단 모 또는 속생모 등과 같은 털이 있는 것과 털이 없는 것이 있다.

　　바오밥 나무가 종자에서 발아할 때 떡잎이 발달하는 유형에는 두 가지가 있다. 첫 번째는 떡잎의 모양이 일반 잎으로 변하여 떡잎과 일반 잎의 구별이 없는 것이며, 두번째는 떡잎과 일반 잎의 차이가 확실한 경우이다. 분류학적으로 넓은수술통절에 속하는 마다가스카르의 그랑디디에바오밥과 수아레즈바오밥은 전자에 속하고, 나머 지 7종들은 모두 후자에 속한다. 전자에 속하는 두 종의 경우 처음에 떡잎이 나올 때 는 두껍고 주름지며 노란색이지만, 점진적으로 엽록체가 생성되어 초록색으로 변한 다. 그리고 떡잎의 두께가 얇아지면서 모양이 변형되어 길이와 지름이 3cm 이내의 일반 잎과 같이 변하고, 잎자루도 짧게 형성된다.

꽃

꽃차례는 줄기 끝부분의 잎과 줄기 사이(엽액)에서 발달하는데, 꽃차례에는 1개의 꽃만 발달하는 것이 보통이다. 따라서 꽃자루와 작은꽃자루가 연속적이지만 사이에 구분되는 환절이 있으며, 종에 따라서 두 부분의 색깔이 다르기도 하다. 드물게 하나의 꽃자루에 두 개의 꽃이 달리는 경우도 있는데, 이는 여러 개의 꽃이 달린 꽃차례가 하나의 꽃이 달린 꽃차례로 퇴화되어 발달했음을 의미한다. 꽃은 크기가 크고, 눈에 잘 띄며, 냄새가 강하고 주로 해질 무렵에서 저녁에 열린다. 다 자란 꽃봉오리는 원형 또는 길쭉한 장타원형인데 꽃받침에 의하여 완전히 싸여 있다. 꽃받침이 열리면서 꽃이 활짝 피는 과정은 눈으로 관찰할 수 있을 정도로 빨리 진행된다. 꽃이 피는 날 저녁에서 다음날 오전에 걸쳐 대부분의 꽃가루가 꽃에서 방출되고, 암술머리도 시들기 시작하므로, 수분은 주로 꽃이 핀 후 하루 이내에 이루어져야 한다. 꽃은 핀 후 2~3일째에 시들고 꽃잎과 수술통이 꽃받침에서 분리되어 떨어진다. 어떤 종에서는 꽃이 일주일 정도 달려 있는 경우도 있으나 수술과 암술은 개화 후 24시간 내에 수명을 다한다.

꽃받침은 주로 녹색-회녹색인데(그랑디디에바오밥의 경우 황갈색-적갈색으로 다른 종과 구별됨) 꽃봉오리를 완전히 둘러싼다. 꽃이 필 때 꽃받침은 끝부분부터 터지면서 5갈래로 나뉘는데(경우에 따라 1+4, 2+3 등 두 갈래로 나뉘기도 함), 시간이 지나면서 뒤쪽으로 뒤집히거나 뒤틀리면서 말려 꽃받침통 아랫부분에 1~수회 감긴 형태로 존재한다. 보통 꽃받침통은 접시 모양, 컵 모양 또는 통 모양을 이룬다. 안쪽에 꿀 분비선이 원 모양으로 둥글게 존재하며, 긴수술통절에서는 이 부분의 꽃받침이 밖으로 환 모양으로 튀어나오기도 한다. 바오밥절의 2종, 넓은수술통절의 2종 및 긴수술통절의 호주바오밥에서는 꽃받침이 성장하는 열매에 붙어서 남아 있으나, 긴수술통절의 나머지 4종에서는 꽃받침이 성장하는 열매에서 일찍 탈락한다. 꽃잎은 수술통 기저부로부터 1~2mm 부분에서 수술통과 유합되었다. 꽃잎의 모양, 수술과 꽃잎 길이의 비율, 꽃잎의 색깔 등은 종 구별에 유용한 형질이다. 예로 루브로스티파바오밥은 꽃잎이 수술보다 짧아서 근연종인 자바오밥, 마다가스카르바오밥과 쉽게 구분할 수 있다. 꽃잎의 색은 종에 따라서 흰색, 노란색, 오렌지색, 적색 등 다양하다. 그러나 흰 꽃이라도 발달단계에 따라 약간 노란색을 띠기도 하며, 시간이 더 지나면 부분적으로 갈색으로 변하고, 말라서 떨어질 때는 전체적으로 갈색이다.

수술은 아래쪽에서 유합되어 하나의 원통형의 통을 이루고 위쪽은 서로 분리된 많은 수의 수술대(100~2,000개)가 있으며, 그 끝에 연노란색의 꽃밥이 달리고, 그 가

01-02 바오밥 꽃봉오리와 꽃(A. digitata)

03-04 키리마바오밥 꽃봉오리와 꽃(A. kilima)

사진제공: Dr. Jack Pettigrew

바오밥에 대하여

01-02 그랑디디에바오밥 꽃봉오리와 꽃(*A. grandidieri*)

03 수아레즈바오밥 꽃봉오리와 꽃(*A. suarezensis*)

04-05 루브로스티파바오밥 꽃봉오리와 꽃(A. rubrostipa)

06-07 자바오밥 꽃봉오리와 꽃(A. za)

01-02 마다가스카르바오밥 꽃봉오리와 꽃(A. madagascariensis)

03-04 호주바오밥 꽃봉오리와 꽃(A. gregorii)

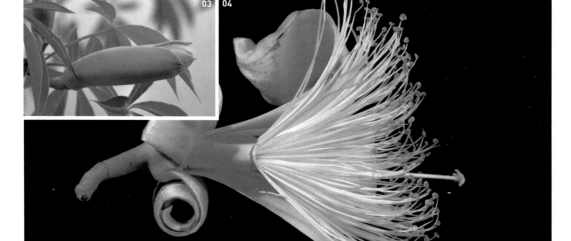

사진제공: Dr. David Baum

05-06 페리에바오밥 꽃봉오리와 꽃(A. perrieri)

운데에 하나의 암술대가 위치한다. 수술통의 길이와 폭, 분리된 수술대의 길이와 수
는 절과 종을 구별하는 중요한 특징이 된다. 루브로스티파바오밥의 경우는 수술통
위의 가운데 수술들이 다시 유합하여 암술대를 감싸는데 바오밥속에서 유일한 특징
이다. 암술은 수술통에 싸여 있고 털이 밀생하며 암술대는 길다. 암술대 끝에 약간
확장되고 불규칙하게 나뉜 암술머리가 있다. 바오밥절의 2종에서는 암술대가 L자 모
양으로 굽는 경향이 있고, 다른 종에서는 일자형이지만 약간 곡선 형태인 것도 있다.
암술대가 열매에 숙존하는지 빨리 탈락하는지가 종의 식별형질이 된다. 마다가스카
르바오밥, 페리에바오밥, 루브로스티파바오밥에서는 암술대가 꽃잎, 수술통과 함께
탈락한다. 나머지 종들은 암술대가 성장하는 열매에 상당 기간 달려 있다.

열매

바오밥의 열매는 크고 건조한 장과이다. 목질성 열매껍질은 두껍고 열리지 않으며, 열매껍질 안에 길게 발달한 섬유조직이 발달되어 있다. 안쪽의 과육층은 스폰지질 또는 초크질이고 색깔은 흰색 내지 크림색이다. 과육 안에 많은 수의 신장형 종자가 있다. 호주바오밥의 경우는 열매의 껍질이 연약하여 떨어지면서 불규칙적으로 깨지는 경향성이 있다. 열매의 모양, 크기 및 껍질의 두께는 가끔 종을 구분하는 특징이 되지만, 종 내에서도 변이가 커서 이 형질을 이용하여 종을 구분하기가 애매모호한 경우가 많다. 호주바오밥은 열매 끝이 뾰족한 타원형이며, 아프리카 바오밥 2종, 자바오밥, 수아레즈바오밥, 페리에바오밥은 열매가 크고 타원형-원통형이다. 루브로스티파바오밥과 마다가스카르바오밥은 열매가 작고 원형-아원형이며, 그랑디디에바오밥은 열매가 크고 아원형-타원형이다. 자바오밥의 경우 열매자루가 특징적으로 두꺼워 다른 종들과 쉽게 구별된다. 그러나 이는 남부의 집단에서 주로 나타나는 형질이고, 북부 집단의 경우 열매자루가 비후되지 않는다. 종자는 신장형인데 납작한 정도가 다르며 크기도 종 및 집단에 따라 다양하다. 예로 넓은수술통절의 2종은 종자가 편편하지 않은 둥근 신장형이고 커서, 납작한 신장형인 다른 종들과 쉽게 구분된다. 다른 7종은 종자 모양이 서로 비슷하고 크기도 종내 및 종간 변이가 심하여 종을 구분하는 특징으로 이용하기는 어렵다.

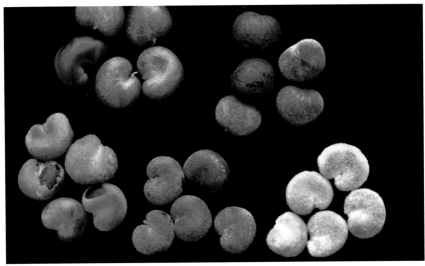

바오밥 5종의 종자 비교(왼쪽 위부터 시계방향으로 루브로스티파바오밥, 그랑디디에바오밥, 페리에바오밥, 마다가스카르바오밥, 자바오밥)

01 원형의 바오밥 열매(*A. digitata*) 02 원형의 키리마바오밥 열매(*A. kilima*) 03 그랑디디에바오밥 열매(*A. grandidieri*) 04 수아레즈바오밥 열매(*A. suarezensis*) 05 루브로스티파바오밥 열매(*A. rubrostipa*) 06 마다가스카르바오밥 열매(*A. madagascariensis*)

01 페리에바오밥 열매(*A. perrieri*) 02 호주바오밥 열매(*A. gregorii*) 03 자바오밥 열매(*A.za*)
04 다양한 모양의 그랑디디에바오밥 열매(*A. grandidieri*)

꽃가루

바오밥 나무의 꽃가루는 단립으로 원형이며, 3개의 공 모양의 발아구가 있다. 발아구의 크기는 지름 3~8μm 정도이다. 꽃가루의 크기는 40~70μm 정도로 비교적 크다. 꽃가루 표면에는 끝이 원형 또는 가시같이 날카로운 크고 작은 돌기들이 분포한다. 꽃가루의 크기 및 꽃가루 표면의 돌기 밀도는 아프리카 바오밥인 바오밥과 키리마바오밥 2종을 구분하는 주요 특징이 될 수 있다. 예로 2배체인 키리마바오밥은 꽃가루 크기가 작고(평균 43μm), 표면돌기 밀도는 높으나, 4배체인 바오밥은 꽃가루가 크고(평균 63.4μm), 표면돌기 밀도는 낮다. 호주 종 및 마다가스카르 종들은 꽃가루 크기가 이들 2종의 중간 정도이다.

수분기작

바오밥류의 꽃은 모두 해질 무렵에 개화하며, 꽃의 냄새가 강하고, 많은 꿀을 분비하는 등 야행성 동물에 적응한 수분기작의 특징을 보인다. 바오밥은 주로 박쥐에 의하여 밤에 수분되는 것으로 알려져 있다. 이 경우 박쥐 말고 벌류, 나방류 등 곤충류도 찾아오지만 효과적인 수분매개자는 박쥐류로 제한된다. 마다가스카르에 분포하는 넓은수술통절의 2종은 조류, 벌류, 나방류 등도 방문하지만 주로 포유동물에 의하여 수분이 이루어진다. 그랑디디에바오밥은 조류, 벌류 및 야행성 리머(*Phaner furcifer*), 수아레즈바오밥은 과일박쥐류가 효과적인 수분매개자로 알려졌다. 포유류 이외의 동물들은 대부분 꿀을 먹기 위해 찾는 것으로 보인다. 긴수술통절의 종들은 주로 주둥이가 긴 박각시나방류(hawk moths)에 의하여 수분되는 것으로 보고되었다. 호주바오밥은 박각시류 중 *Agrius convolvuli*, 마다가스카르 페리에바오밥, 자바오밥, 루브로스티파바오밥은 *Coelonia solanii*가 주요 수분매개자이고, 부수적인 매개자로는 페리에바오밥의 경우 *Xanthopan morgani*, 자바오밥의 경우 *Coelonia brevis*, *Coelonia mauritii* 등이 알려져 있다. 또한 이들 종에는 야행성 리머류가 수분을 일부 수행할 것으로도 생각되나, 야행성 리머류는 꽃을 먹이로 섭식하는 것으로 알려졌다.

종자의 전파

바오밥 열매의 흰색-크림색 과육은 맛도 괜찮고 영양가가 매우 뛰어나다. 특히 비타민C, 칼슘, 칼륨 등의 성분이 많다. 종자는 지질의 함량이 높다. 따라서 사람뿐 아니라 여러 동물들이 바오밥 열매를 이용한다. 아프리카에서 바오밥의 종자를 분산하

01 그랑디디에바오밥 꽃을 찾은 부리가 긴 조류 02 그랑디디에바오밥 꿀을 먹는 조류
03 그랑디디에바오밥에 모여드는 벌류 04 그랑디디에바오밥에 모여드는 벌류와 조류

는 매개자는 코끼리, 바분원숭이와 같은 포유류이다. 바오밥 열매가 이들에게 먹힌 뒤 종자만 배설물로 나오는데, 이 과정을 통하여 바오밥이 다른 지역으로 전파되어 싹트게 된다. 바오밥 열매가 이들 동물의 소화관을 통과할 경우 종자의 발아율이 높아짐이 보고되었다. 호주바오밥의 경우는 캥거루와 왈라비 같은 동물들이 열매를 먹고 종자를 분산시킨다. 마다가스카르바오밥의 경우 종자를 전파하는 야생동물은 현재까지 밝혀지지 않고 있다. 많은 리머 종들에 대한 연구가 진행되고 있으나 리머가 전파자라는 근거는 없다. 또한 과거에 살았으나 현재는 멸종된 조류나 리머류가 종자 전파의 매개자였음이 제시되고 있지만, 현존하는 야생동물은 알려지지 않고 있다. 학자들은 종자 전파자의 멸종이 현재 마다가스카르바오밥의 제한분포 및 자연 유아림의 결여와 상관이 있을 것으로 추측하고 있다. 페리에바오밥과 마다가스카르바오밥과 같이 개울가에 자라는 종들은 물에 의한 전파도 가능할 것으로 추측하고 있으나, 이 종들의 분포지가 제한적이어서 실제 물에 의한 종자 전파 경로는 보고된 바 없다.

바오밥속의 분류학적 위치

바오밥속(*Adansonia*) 식물들은 원래 프랑스 식물학자 쥐시외(de Jussieu, 1789)에 의하여 우리나라 무궁화가 속하는 아욱과(Malvaceae) 식물로 처리되었다. 그 후 쿤트(Kunth, 1822)에 의해 여러 다른 속들과 함께 물밤나무과(Bombacaceae)로 처리되어 최근까지 식물분류에서는 물밤나무과로 분류되었다. 그러나 최근의 분자계통학적 연구와 비교·형태학적 연구에 의하여 물밤나무과가 아욱과와 유합되었고, 아욱과(Malvaceae) 내의 한 아과인 물밤나무아과(Bombacoideae)로 처리되고 있다. 따라서 현행 식물분류체계에서 바오밥속은 아욱과-물밤나무아과에 속한다. 아욱과-물밤나무아과에는 16속 120종이 알려져 있는데 모두 아프리카, 중남미, 아시아의 열대지방에 분포하는 목본성 식물인 것이 특징이다. 이 중 바오밥속은 *Bombax* 및 *Ceiba*속과 근친관계로 항상 같은 족으로 처리된 바 있는데, 이 속들은 줄기가 뚱뚱하게 비후되었고, 잎이 장상복엽이며(드물게 이로부터 유도된 단엽), 턱잎이 있고, 3개의 작은 포를 갖는 꽃자루, 수술통이 있는 등의 공통형질이 있다. 그러나 이들 중 바오밥속은 유일하게 열매가 목질성으로 껍질이 열리지 않으며, 많은 신장형 종자가 스폰지질 또는 초크질의 과육층으로 싸여 있는 특징을 갖는다. 따라서 바오밥속은 폐과인 열매의 특징으로 개과인 근연속들과 쉽게 구별된다. 또한 바오밥속의 꽃봉오리는 꽃받침으로 완전히 싸여 있는 점이 다른 속들과 구별되는 특징이기도 하다.

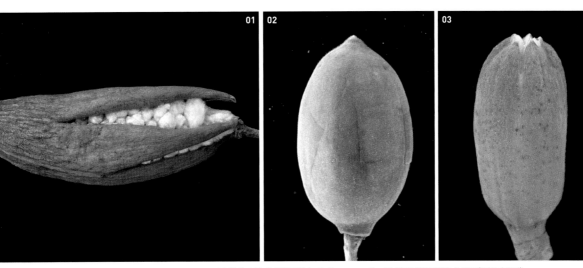

01 열매가 건개과인 근연속, *Ceiba pentandra* 02 건폐과인 바오밥속 열매(호주바오밥)
03 꽃받침이 꽃을 감싸는 바오밥속(수아레즈바오밥)

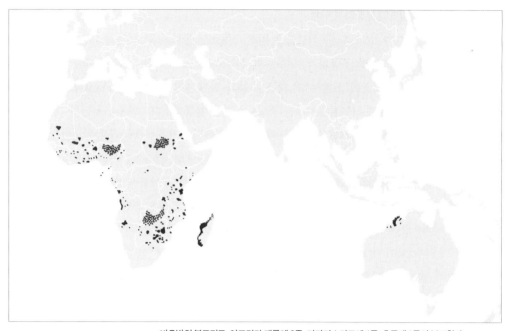

바오밥의 분포지도. 아프리카 대륙에 2종, 마다가스카르에 6종, 호주에 1종이 분포한다.

03 바오밥의 분포

바오밥은 아프리카의 사하라사막 이남, 마다가스카르, 호주 서북부 열대 및 아열대의 우기와 건기가 뚜렷한 지역에 주로 분포한다. 아프리카에는 2종이 분포하는데 같은 바오밥절에 속하며, 이 중 한 종은 최근(2012년)에 동남아프리카 고산 지역에서 보고되었다. 바오밥은 사하라사막 이남의 세네갈에서 나미비아에 이르는 대서양 사면, 남아프리카공화국 북동부에서 동쪽 인도양 사면을 따라 에티오피아, 아라비아반도 남단 예멘까지 분포하며, 인접한 내륙국가에서도 흔히 볼 수 있다. 그러나 주요 분포지는 나미비아, 보츠와나, 짐바브웨, 남아프리카공화국 북동부에서 케냐에 이르는 지역이다. 현재도 보츠와나 국경에서 남아프리카공화국 림포포주의 무시나-무시 시의 산악지대에는 바오밥 자생지가 비교적 잘 보존되어 있다. 그러나 유용한 식물 자원으로서 다른 여러 지역에서는 사람에 의하여 오랫동안 재식되어온 관계로 1차적인 자연 분포지와 인간에 의한 2차 분포지를 구분하기 어려운 상태이다.

마다가스카르에는 가장 다양한 6종이 분포하는데, 마다가스카르 북부에서 서쪽 해안을 따라 남쪽까지 분포하며 동쪽에는 분포하지 않는다. 바오밥속 3개 절 중 아프리카 대륙에 분포하는 바오밥절을 제외한 넓은수술통절과 긴수술통절이 마다가스카르에 분포한다. 따라서 마다가스카르는 바오밥의 종다양성이 가장 높은 지역이다. 마다가스카르 동북부 프렌치산맥, 안카라나국립공원 및 서부의 키린디국가숲이나 툴레아 남부 지역에서는 바오밥 천연림을 볼 수 있다.

나머지 1종은 호주 북서부 킴벌리(Kimberley)와 인접 지역에 제한 분포하는데 긴수술통절에 속한다. 킴벌리 지역에서는 바오밥이 우점하는 산림을 볼 수 있다.

바오밥 종들이 어떻게 아프리카와 호주에 분절 분포하는지에 대하여는 세 가지 이론이 있다. 그중 하나의 가설은, 호주 대륙, 마다가스카르, 아프리카 대륙이 하나의 육지를 형성한 중생대에 바오밥이 형성되어 대륙이 이동하면서 단절 분포하는 양상을 보인다는 것이다. 두번째 가설은 아프리카 바오밥이 비교적 최근(신생대)에 원거리로 전파되어 호주 북부에 다다랐다는 것이다. 세번째는 최근에 인류의 이동과 연관이 있다는 가설이다. 첫번째 가설은 바오밥의 기원이 그렇게 화석학적으로 오래되지 않았고(실제 바오밥류 화석은 6천만 년 전의 지층에서 발견됨), 호주 대륙의 북부가 열대 지역이 된 것은 3천만 년 전 이라는 사실에 입각하여 받아들여지지 않는다. 두번째, 원거리 이동설은 가능성이 있으나 바오밥 열매가 매우 크기 때문에 해류에 의

프렌치산맥 남단에 있는 수아레즈바오밥과 마다가스카르바오밥 혼생 군락 자생지

한 이동만 가능한데, 실제 아프리카에서 해류를 타고 호주 북부에 이르고 종자가 발아할 수 있는지 입증되지는 않았다. 마지막 가설은 인류의 기원과 이동을 고려할 때 몇만 년 이내에 일어난 일일 것이다. 그러나 호주 종과 아프리카 종들이 형태적으로 뚜렷이 구분되므로 인간에 의한 이동설도 한계점이 있다. 흥미로운 분포 양상에 대하여 아직까지 명확한 답은 없으나, 필자는 식물학자들이 유전자 분석 등 여러 연구를 통하여 곧 논리적으로 합당한 해답을 찾을 수 있을 것으로 본다.

04 바오밥의 일생과 생존전략

종자에서 바오밥이 발아하는 과정을 보면 떡잎은 비교적 크고 둥근 모양인데 두 장이 마주난다. 떡잎은 처음에는 쭈글쭈글하지만 확장되면서 길이와 폭이 3cm 정도로 크게 자란다. 색깔도 흰색에서 점차 노란색, 초록색으로 변하여 광합성을 한다. 일부 종(그랑디디에바오밥, 수아레즈바오밥)들에서는 떡잎이 변형되어 잎과 같은 모양이 되므로 종종 떡잎이 없는 것으로 착각한다. 다른 종들은 떡잎이 잎과 구분이 되며, 유축에서 자라는 초기의 잎은 성체의 잎과는 달리 작은잎이 하나인 경우가 대부분이다. 보통 3개월 이내에 발달하는 잎은 단엽 모양이 대부분이다. 그 후 위로 올라갈수록 점진적으로 갈라지는 형태가 되어 3, 4, 5장 등의 작은잎을 가진 잎이 나온다. 땅

01 건조지에 생육하는 뚱뚱한 그랑디디에바오밥 02 수분이 보다 많은 곳에 생육하는 그랑디디에바오밥

속의 유축은 숙주나물처럼 통통한 모양이며, 가지 뿌리가 발달한다. 어린 묘목은 점진적으로 자라, 아래가 더 넓고 줄기 끝이 가늘어지는 길쭉한 방추형의 나무가 된다. 이때까지는 다른 나무들과 크게 차이를 보이지 않는다. 그러나 이 어린 나무들이 건기와 우기가 뚜렷한 환경에 적응하여 생존하면서 나이가 들어갈수록 점진적으로 줄기가 원통형, 물병형 또는 퉁퉁한 나무 모양으로 변형되어 간다.

　같은 바오밥 종이라도 강수량이 적은 반사막지대에 사는 개체일수록 키가 작고 줄기가 더 퉁퉁한데, 이는 우기 동안 물을 줄기에 저장하였다가 건기에 생존하기 위한 전략이다. 강수량이 많은 지역에 적응한 개체는 건조한 환경에 적응한 개체와는 달리 어린 나무에서 볼 수 있던 길쭉한 방추형의 수형을 나이가 들어서도 유지한다. 즉 바오밥의 줄기가 퉁퉁한 것은 환경에 대한 적응 현상이다. 또한 모든 바오밥 종들이 열대 지역, 아열대 지역에 분포하지만 건기에 잎이 떨어지고 우기가 되면 새로 잎이 발달하는 낙엽수인 것도 건조에 적응한 생존전략이다. 즉 건기에는 수분 증발을 최소화하며 살아남기 위한 방법인 것이다. 그러나 건기에 잎이 없으면 광합성을 할 수 없으므로, 가는 줄기 표피 아래 세포에 엽록체를 만들어 긴 건기 동안 가지에서 광합성을 수행한다. 이 또한 건조에 적응한 생존전략이며, 건기가 긴 곳에 사는 종과 개체일수록 줄기 표피 아래 녹색의 엽록체가 많다. 또한 우기에는 줄기에 물을 저장하고, 건기에 그 물을 사용하므로 같은 나무라도 우기와 건기에 줄기의 지름에 차이가 나는 특징을 보인다.

　바오밥 나무는 유년기 생장은 비교적 빠르지만 어느 정도 자란 이후에는 성장 속

01 그랑디디에바오밥 발아과정 - 발아 1주(떡잎이 잎으로 변형됨) 02 발아 3주 03 루브로스티파바오밥 떡잎과 새잎(발아 5주)

01 어린 그랑디디에바오밥 02 산불로 밑둥이 검게 그을리고 살아남은 호주바오밥 03 섬유 채취 후 껍질이 재생된 그랑디디에바오밥

도가 느려지며, 매우 오래 사는 식물이다. 현재 탄소동위원소법으로 정교하게 측정된 가장 오래된 바오밥 나무는 남아프리카공화국 동북부 림포포 지역에 있는 글렌코바오밥(Glencoe Baobab) 나무로 1,853±40년의 연령을 갖는 것으로 알려졌다. 즉 2,000년에 육박한 연령이다. 이는 지금까지 알려진 피자식물 중 가장 오래된 것이다 (나자식물의 경우는 6,000년을 살고 있는 나무도 있음). 이 외에도 같은 방법으로 연대가 측정된 바오밥 나무로 나미비아의 그루트붐바오밥(Grootboom Baobab)은 1,275±50년, 남아프리카공화국 림포포 지역의 선랜드바오밥(Sunland Baobab)은 1,060±75년으로 각각 알려졌다. 글렌코바오밥은 2009년에 4개 부위로 나뉘면서 내려앉았으나 죽지 않고 생존하고 있고, 그루트붐바오밥은 2004년에 무너졌으나 수명은 유지되고 있다. 또한 바오밥 자생지를 여행하다 보면 500~1,000년 이상의 수령을 갖는 나무들을 흔히 볼 수 있다. 물론 과학적으로 측정된 연령이 아니고 지역 주민들이 구전 또는 크기를 근거로 추정한 대강의 나이들이다. 즉 지름 5m인 바오밥 나무의 연령이 500년으로 측정되었다면, 비슷한 크기의 바오밥은 모두 500년으로 추정하는 것이다. 그렇다 하더라도 바오밥 나무는 다른 목본성 피자식물보다 오래 사는 나무임은 확실하다.

바오밥 나무는 줄기 안쪽에 목재(2기 목부)가 듬성듬성 발달하고, 동심환상으로 물을 저장할 수 있는 푸석푸석하고 부드러운 섬유층이 많아서 약한 편인데 물이 전체 무게의 70%까지 차지하기도 한다. 줄기 바깥쪽은 비교적 단단하고 껍질층 아래에 강한 섬유조직이 길게 발달되어 있다. 따라서 줄기 가장자리의 단단한 조직이 나

01 02

01 남아프리카공화국의 (선랜드)바오밥 02 남아프리카공화국의 (사고레)바오밥

01 푸석푸석한 바오밥 목재조직 02 쓰러진 후 줄기가 재생되는 바오밥 03 사이클론에 넘어진 루브로스티파바오밥
04 줄기가 쓰러져 섬유조직만 남은 그랑디디에바오밥

무를 지탱한다. 고목들은 줄기 가운데가 썩어서 큰 공간을 만드는 경우가 많다. 따라서 바오밥 나무 인근에 사는 주민들은 곡식이나 물 저장소로 바오밥 줄기 공간을 이용하기도 한다. 특히 거대한 고목들은 지름이 10m 이상인 것도 있고, 가운데 공간도 크므로 옛날에는 감옥, 우체국, 식당, 바, 화장실, 교회당, 사람들의 모임 장소 등으로 이용되었다. 그런데 바오밥이 어느 정도 크기이기에 교회당이나 식당으로 쓰일까? 글렌코바오밥은 2009년에 4개의 가지로 나뉘기 전에는 흉고지름이 15.9m, 선랜드 바오밥은 흉고지름 10.64m, 사고레바오밥(Sagole Baobab)은 12.2m에 이른다. 미국 서북부의 세콰이아 거목보다 키는 작지만 몸집은 훨씬 크므로 "역시 바오밥!"이라는 말이 나온다. 지금은 이들 거대한 고목들이 관광지로 보존되어 사람들의 방문을 기다리고 있다.

바오밥 나무는 재생 능력이 강하여 자연재해나 인간에 의하여 큰 상처를 입더라도 표피, 줄기 등이 쉽게 재생된다. 또한 건조기에 불이 잘 나는 자연생태계에서 불에 타지 않고 살아남는 특징이 있다. 즉, 바오밥 나무는 환경의 변화에 대한 적응력, 생존력, 재생력이 매우 뛰어난 나무이다. 자연 분포지에서는 줄기가 불에 검게 그을렸으나 꿋꿋하게 살아가는 바오밥 나무들을 흔히 볼 수 있다. 가운데가 빈 오래된 나무는 태풍이나 돌풍에 약하여 쉽게 쪼개지거나 쓰러지지만, 재생력이 강하여 새로운 맹아로 자라날 수 있고 완전히 붕괴되지 않는 한 상처는 아물고 다시 재생된다.

바오밥 나무 줄기는 푸석푸석하므로 베어내도 목재로 이용할 가치가 없어 사람들은 바오밥 나무를 베지 않는다. 또한 수피의 섬유층, 열매와 잎을 주로 이용하므로, 베지 않는 것이 사람들에게는 유리하다. 따라서 자연재해에 의하여 제거되거나 주거지를 만들 필요가 없는 한 다른 나무들은 다 베어내도 바오밥 나무는 살려두는 것이 보통이다. 따라서 바오밥 자생지를 여행하다 보면 초지에 바오밥 나무만 남아 있거나, 농가 근처나 농경지 한가운데 홀로 서 있는 바오밥 나무를 종종 볼 수 있다. 따라서 인간에 의한 선택도 바오밥 나무의 생존전략인지 모른다.

바오밥 나무는 주로 밤에 꽃이 피고 대부분 박쥐류나 나방류와 같은 야행성 동물들에 의하여 수분되고, 열매를 맺는다. 열매 또한 코끼리, 원숭이류, 사람 등에 의하여 먹히고 종자를 전파시켜 생활영역을 확장한다. 즉, 꽃가루나 종자 이동을 주로 포유류에 의존한다. 이렇게 포유동물에 의하여 이동된 종자는 어버이 식물과는 다른 장소에서 발아하여 후손의 일생이 반복되는 것이다. 바오밥 나무는 사람 수명의 수배, 수십 배를 사는 식물이니, 우리 인간의 눈에는 경이로운 식물임에 틀림없다.

그랑디디에바오밥과 황새

05 바오밥은 생태계의 주요종

바오밥 나무는 숲에서 기능적으로 매우 중요한 핵심종(Keystone species, 생태계에서
중요한 기능을 수행하여 그 생태계의 유지에 필수적인 종. 이 종이 사라지면 그 생태계는
유지되지 못하는 종으로 우점종과는 다른 개념)의 역할을 한다. 즉 주변의 동식물들을
불러 모아 기능적으로 중요한 생태계를 유지하도록 한다. 드물기는 하지만 마다가스
카르의 일부 지역 및 호주 북서부 일부 지역에서는 그곳 산림생태계에서 우점종으
로 나타나기도 한다. 먼저 바오밥 나무는 그늘을 만들고 수분을 흡수하며 영양가 높
은 꽃, 잎, 열매를 만들므로 다른 동물들의 훌륭한 먹잇감이 된다. 물과 꿀이 많은 큰
꽃은 리머원숭이류(원숭이류 중 가장 원시적인 군으로 마다가스카르에만 100여 종이 자

생하며 모두 마다가스카르 고유종이다. 대부분의 종이 서식지 파괴와 서식지 분절화로 멸종위기에 처해 있다. 마다가스카르 관광의 대부분은 이 리머원숭이류와 바오밥을 자연에서 관찰하는 것으로 구성되어 있다.), 랑그루원숭이류, 박쥐류, 조류 등 많은 척추동물들에게 영양가 있는 음식을 제공한다. 그리고 수많은 주행성·야행성 곤충들도 바오밥과 더불어 살아간다. 또한 바오밥 열매는 코끼리 등 큰 포유동물의 먹이가 되기도 하고, 호주에서는 캥거루나 왈라비의 먹이가 된다.

 큰 바오밥 나무는 그 자체가 조류에게 서식지를 제공하는데 아프리카, 마다가스카르, 호주 북서부 등에서는 바오밥 나무에서 다양한 새의 집을 볼 수 있고, 맹금류가 나무 위를 맴도는 광경을 자주 볼 수 있다. 또한 마다가스카르에서는 리머류들의 서식지가 되고, 호주에서는 매미류 및 개미류의 삶의 터전이 되기도 한다. 따라서 이들 생태계에서 핵심종인 바오밥이 사라지면 더불어 사는 많은 동식물들이 함께 사라질 것이다.

01-02 마다가스카르 서남부 키린디국가숲에서 루브로스티파바오밥 위에서
바오밥 잎을 먹고 사는 베레옥시시파카(*Propithecus verreauxi*)

01 키린디국가숲에서 루브로스티파바오밥과 자바오밥의 어린 열매를 먹고 사는 붉은색얼굴리머(*Eulemur fulvus rufus*)
02 키린디국가숲에서 곤충을 먹고 사는 야행성 리머(*Lepilemur ruficaudatus*) 03 키린디국가숲의 최상위 포식자 푸사(*Cryptoprocta ferox*) 04 호주바오밥 줄기에 허물을 벗은 매미들 05 마다가스카르 서남부 그랑디디에바오밥 숲에서 흔히 보이는 카멜레온
06 마다가스카르 북부 수아레즈바오밥 숲에서 흔히 보이는 카멜레온 07 마다가스카르 북부 수아레즈바오밥 숲에서 흔히 보이는 개코

08 마다가스카르 북부 안카라나 마다가스카르바오밥 숲에서 흔히 보는 왕관갈색리머 09 안카라나 마다가스카르바오밥 숲에서 흔히 보이는 안카라나스포티브리머 10 안카라나 마다가스카르바오밥 숲에서 보이는 줄기를 의태한 개코 11 마다가스카르 서남부 이파티 레나라바오밥보존구역의 루브로스티파바오밥과 함께 살아가는 방사무늬거북 12-14 바오밥 숲을 검게 뒤덮은 메뚜기떼. 마다가스카르 서남부에서 발생하기 시작한 메뚜기떼는 전역으로 확산되어 자연생태계 및 농업에 심각한 영향을 주며, 바오밥숲에서도 종종 목격된다.

그랑디디에바오밥과 수영하는 아이들

06 바오밥과 인간의 공존

바오밥과 문화

바오밥 나무들이 모여 숲을 이룬 경관은 많은 사진작가, 소설가, 여행가들의 이목을
집중시킨다. 아마도 마다가스카르 무룬다바 지역의 바오밥거리는 마다가스카르에서
가장 많은 관광객들이 찾는 관광명소일 것이다. 바오밥 나무들을 배경으로 달과 해
가 뜨고 지는 모습을 감상하는 것은 여행의 큰 감흥 중 하나이다.

특이한 모양, 거대한 크기, 빠른 재생력, 끈질긴 생명력을 갖는 바오밥 나무는 토
속민들에게 숭배 대상이 되어 왔으며, 그들의 신앙 및 삶과 밀접한 관계를 맺고 있
다. 바오밥 나무를 다산의 상징으로 여기므로, 아기를 갖기 위하여 큰 바오밥 나무
앞에 촛불을 켜놓고 빌기도 하는데, 우리나라의 옛 당산나무를 연상시킨다. 특이한
모양의 바오밥 나무는 다양한 설화와 관계가 있다. 예로 마다가스카르의 두 줄기가
서로 감고 올라간 자바오밥과 루브로스티파바오밥은 사랑의 징표로 이 나무 아래에

01 바오밥 나무가 있는 농촌(남아프리카공화국 림포포주) 02 그랑디디에바오밥 근처에서 개구리를 잡는 어린이들
03 잡은 개구리를 들고 즐거워 하는 어린이들

바오밥거리의 해돋이(그랑디디에바오밥)

저녁달이 뜨는 바오밥거리(그랑디디에바오밥)

바오밥거리의 아침(그랑디디에바오밥)

바오밥거리의 일몰(그랑디디에바오밥)

그랑디디에바오밥이 있는 마을

01 열매 채취를 목적으로 나무에 오르기 위해 바오밥 나무에 못 박기 02 열매 채취를 목적으로 나무에 오르는 지역 주민
03 그랑디디에바오밥에 남아 있는 나무못 흔적

마을사람들과 희로애락을 같이하는 마다가스카르 무룸베 안둠빌의 그랑디디에바오밥

01 바오밥 섬유로 지붕을 보강한 농촌의 가옥 02 바오밥 섬유로 만든 농가의 출입문

01 부시맨이 거주했던 그랑디디에바오밥 02 줄기가 꼬인 러브바오밥(자바오밥)
03 줄기가 꼬인 러브바오밥(루브로스티파바오밥) 04 줄기가 꼬인 러브바오밥(그랑디디에바오밥)

서 사랑을 약속하면 꼭 이루어진다고 한다. 미신으로는 바오밥 꽃을 따면 사자에게 먹힌다든지, 바오밥 종자를 물에 던지면 악어 밥이 된다든지 등이 구전되기도 한다. 현재 호주에서는 호주바오밥의 빈 줄기 속에 죄수들을 가두었던 죄수나무라고 부르는 고목들이 남아 있다. 이것은 북서부 개척시대의 표지식물이기도 하였다. 마다가스카르와 아프리카 대륙에서 바오밥 나무는 지역민들의 미신 및 생활과 밀접한 관계가 있다. 따라서 사람들은 바오밥 나무에 흔적을 남기고자 하여 큰 바오밥 나무에는 많은 이름과 글씨들이 새겨져 있다. 줄기가 지름 10~20m로 거대하게 자라는 아프리카 바오밥 나무들은 위에 언급한 대로 큰 공간이 형성되므로 부족 간의 전쟁에서 숨는 장소가 되거나 토속민들의 모임의 장소로 활용되기도 하였다. 나미비아, 보츠와나, 짐바브웨, 남아프리카공화국에서는 우체국, 화장실, 교회당, 와인 저장소, 와인 바, 여관 등 여러 목적으로 활용되었다. 현재는 이러한 목적으로 이용되는 경우는 드물고 관광객들에게 볼거리를 제공하는 용도로 사용된다.

줄기의 이용

바오밥 줄기는 가운데 단단하지 않는 목재층, 가장자리에 다소 단단한 목재층 및 가장자리 껍질층으로 구분된다. 가운데 푸석푸석한 목재층은 수분이 많아 건기에 가축의 먹이로 제한적으로 이용된다. 바오밥 관광지에서 목재로 바오밥 나무 모양으로 깎아 기념품으로 파는 바오밥 나무 목각은 실제 바오밥 나무가 아닌 다른 나무들로 만든 것이다. 바오밥 나무 껍질을 벗기고 얻어낸 바오밥 체관섬유(나무의 줄기는 주로 물관과 체관으로 되어 있는데, 물관이 주로 목재를 만들고 가장자리에 체관이 존재한다. 우리가 이용하는 목화를 제외한 모시, 대마, 저마 등 대부분의 식물섬유는 체관섬유에서 기원한 것이다.)는 사람들이 오랫동안 이용하여 왔다. 따라서 큰 바오밥 나무를 보면 섬유를 잘라낸 후 아문 상처자국들을 흔히 볼 수 있다. 껍질과 섬유층을 잘라내도 바오밥 나무는 재생력이 높아 2~3년 내에 상처가 아물고 새로 조직이 재생된다. 따라서 360도 껍질을 벗겨내지 않는 한 바오밥 나무는 살아남는다. 지역민들은 나무의 건강을 고려하여 옆으로는 90도 이내, 높이로는 1~2m 정도로 껍질을 벗긴다. 이 껍질 안쪽에서 쉽게 얇은 막으로 분리되는 사부 섬유층은 연한 갈색~연노란색이며, 종잇장 같고, 듬성듬성 난 구멍을 볼 수 있다.

과거에는 이 섬유를 집의 지붕재료

바오밥의 수형을 조각하여 판매하는 목각 기념품

로 썼고, 비비고 뒤틀어서 로프를 만들었다. 특히 어촌에서는 로프, 그물 등을 만들어 고기를 잡거나 또는 일상생활에 많이 활용하기도 하였다. 바오밥 섬유로 광주리, 바구니 등도 만들어 이용하였다. 그러나 오늘날에는 나일론이나 플라스틱으로 만든 공산품으로 이들 생활도구가 대체되었고, 바오밥 나무의 보존 문제가 결부되어 섬유 채취는 간헐적으로 이루어진다. 마다가스카르에서는 현재 이러한 목적으로 천연섬유인 시살 섬유나 라피아 섬유가 주로 이용되고 있다. 바오밥 섬유는 공예품, 기념품 또는 특수종이 대용으로 활용하는 정도이다. 마다가스카르 무룬다바와 툴레아 바오밥 자생지 인근에서는 분리한 섬유를 파는 기념품점들이 일부 남아 있다. 또한 무룬다바 일부 지역 주민들은 현재도 바오밥 나무 껍질을 지붕재료로 이용한다.

잎의 이용

영양가가 높은 바오밥 잎은 살짝 데쳐서 나물로 먹거나, 갈아서 수프를 만들고, 다른 식용식물들과 함께 섞어서 녹즙으로 만들어 마시기도 한다. 어린 잎을 모아 우리나라 쑥떡같이 다른 음식의 재료로도 활용한다. 또한 바오밥 잎과 줄기의 추출물은 보습력이 뛰어나기 때문에 여러 가지 화장품의 소재로 이용되어 로션, 보습스프레이 등의 화장품이 시판 중이다.

열매와 종자의 이용

단단한 열매는 말려서 기념품 및 공예품으로 만들어 판매한다. 바오밥 열매를 이용하여 예술품을 만드는 예술가들도 있다.

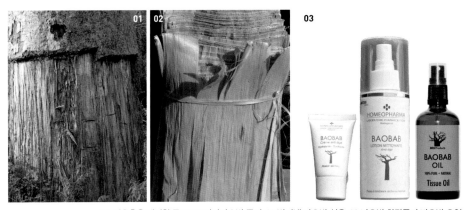

01 섬유층을 제거한 루브로스티피바오밥 줄기 02 벗겨낸 바오밥 섬유 03 바오밥 화장품과 바오밥 오일

01 주스를 만들기 전 그랑디디에바오밥 과육 02 바오밥 주스 03-04 시장에서 판매하는 바오밥 열매

07 식품으로 이용하는 바오밥

딱딱한 바오밥 열매는 껍질을 깨고 안쪽의 흰색 과육층과 종자를 분리할 수 있다. 과육층은 쉽게 가루로 만들 수 있는데, 입에서 잘 녹으며 약간 신맛과 떫은맛이 있으므로 설탕이나 소금을 첨가하고 물을 섞어 주스로 마실 수 있다. 수단에서는 과육을 찬물에 풀어서 음료로 만든 것을 굽디(Gubdi)라 부르며, 여기에 설탕이나 레몬즙을 가미하면 청량음료가 되어 특히 더운 지방에서 좋은 음료가 된다. 마다가스카르 무룬다바 지역의 식당에서도 바오밥 열매 수확철에는 쉽게 바오밥 주스를 마실 수 있다. 또한 과육을 아이스크림, 셔벗, 잼 등을 만드는 데에 이용한다. 세네갈, 감비아 등에서는 건조된 과육가루를 밀가루 등과 섞어서 구워 먹는다.

바오밥 과육은 칼슘이 풍부하여 특히 임산부나 어린이들에게 좋은 간식으로 이용된다. 아프리카, 호주, 유럽 등의 몇몇 회사에서는 바오밥 과육가루를 슈퍼푸드(식품으로 기능과 건강증진 기능을 동시에 갖춘 영양가가 높은 식품)로 판매하는 곳이 있으며, 유럽시장에서도 아프리카로부터 수입된 바오밥 슈퍼푸드가 시판되고 있다.

과육의 신맛은 시트르산(citric acid), 주석산(tartaric acid), 호박산(succinic acid), 아스코르빈산(ascorbic acid, 비타민C) 등이 들어있기 때문이다. 과육층은 수용성 펙틴(pectin), 칼슘, 칼륨, 비타민C, 철분 등을 다량 함유하고 있다.

영양성분(100g당)		
과육	열량	320kcal
	주영양소	수분 10.4g, 탄수화물 72.6g, 단백질 3.2g, 지방 0.3g, 재 4.5g, 섬유질 5.4g
	무기염류	칼륨 1,240mg, 나트륨 27.9mg, 칼슘 295mg, 마그네슘 90mg, 철 9.3mg, 구리 1.6mg, 아연 1.8mg
종자	열량	363kcal
	주영양소	수분 4.3g, 탄수화물 45.1g, 단백질 18.4g, 지방 12.2g, 재 3.8g, 섬유질 16.2g
	무기염류	칼륨 910mg, 나트륨 28.3mg, 칼슘 410mg, 마그네슘 270mg, 철 6.4mg, 구리 2.6mg, 아연 5.2mg

바오밥과 다른 열매의 영양성분 비교

열매	항산화지수	총섬유질	수용성 섬유질	비타민C	칼슘	철	인	마그네슘	나트륨(소량)	지방(소량)
바오밥 과육	28,000	10g	7.5g	24mg	64mg	1.2mg	430mg	29.6mg	0.04mg	0.06mg
아사이 과육	2,620	2.0g	3.8g	—	52mg	0.88mg	186mg	35mg	15.2mg	0.9mg
석류 생과	2,100	0.098g	0.02g	—	5.6mg	0.17mg	133mg	6.9mg	1.6mg	0.23mg
구기자 과육	2,500	3.2g	—	5.8mg	22.5mg	1.68mg	226mg	21.8mg	4.8mg	0.2mg
블루베리 과육	1,310	1.68g	0.48g	4.4mg	1.8mg	0.08mg	22.8mg	0.1mg	0.2mg	0.07mg
크렌베리 과육	2,000	0.84g	—	2.7mg	1.6mg	0.05mg	17mg	0.07mg	0.4mg	0.03mg
아보카도 과육	380	0.04g	0.34g	—	4.8mg	0.22mg	104mg	11.6mg	2.8mg	2.9mg
코코넛 물	—	0	0	0.48mg	0.24mg	0.1mg	50mg	5mg	21mg	0.04mg

(20g당, 노란색 표시는 목록 내 1~3위, 출처 : www.baobabfoods.com)

바오밥 열매는 '슈퍼과일'로 여겨지며 단위 g당 오렌지보다 10배 많은 항산화물질과 6배 많은 비타민C, 우유보다 2배 많은 칼슘, 사과보다 10배 많은 식이섬유를 함유한다. 특히 수용성 섬유는 생물학적 활성도가 높고, 장내 세균에 좋은 영향을 미치는 것으로 학계에 보고되었다. 고농도의 칼륨은 뇌 기능, 근육 및 신경세포에 도움이 되며, 인은 뼈를 튼튼하게 하고, 고농도의 수용성 펙틴은 체내의 나쁜 콜레스테롤을 감소시키고, 체내 방사능의 배출을 증가시킨다. 따라서 영양적으로 문제가 많은 아프리카의 토속민들에게는 영양가 풍부한 식품으로 이용된다.

잎은 햇빛이나 그늘에 말려(그늘에 말리는 것이 비타민A 전구체 보존이 양호하고 풍부) 보관하고, 우리나라 건조나물 같은 요리재료로 사용한다. 또한 잎을 뜨거운 물에 살짝 데쳐서 나물로 이용하기도 한다. 말린 잎을 빻아서 가루로 만들고, 이를 넣어 만든 수프를 쿠카수프(kuka soup)라고 부른다. 또한 바오밥 생잎은 영양분이 풍부하여 가축들에게 훌륭한 먹이가 된다.

바오밥 꽃은 주로 야행성 박쥐류나 나방류, 새, 리머류, 벌류 등에 의하여 수분이 되며 이들을 위한 다량의 꿀이 분비된다. 따라서 바오밥 꽃에서 수거된 꿀은 귀한 식품으로 취급된다. 바오밥 꿀은 우리나라 밤꿀 같이 색깔이 진하고 점성이 매우 높다. 또한 아프리카 꿀벌들은 바오밥 나무의 빈 줄기에 집을 짓는 경우가 많으며, 따라서 바오밥 나무의 벌집에서 수거한 천연꿀도 종종 볼 수 있다. 바오밥 자생지의 가게에서 바오밥 꿀을 판매하기도 한다.

바오밥 꿀

바오밥 과육 가루

08 약품으로 이용하는 바오밥

아프리카 토속민들의 민간의약에서 바오밥의 여러 부위가 약으로 활용된다. 특히 이질 및 설사 치료효과, 해열효과, 혈압강하작용, 항염증효과 등이 있는 것으로 알려졌다. 최근의 식물화학적 분석에서 스테롤(sterols), 사포닌(saponins), 트리테르펜(treterpens) 등이 이러한 작용을 돕는 것으로 알려졌다. 바오밥의 사포닌류는 장내 유용세균의 증가, 항알레르기효과, 항암효과, 소화기관의 강화, 항세균작용, 항바이러스작용, 항균작용, 혈중지방의 정상화 등 여러 다양한 효능을 갖고 있다.

아프리카에서는 장염의 경우 바오밥 잎을 말려 가루로 만들어 매일 물에 타 마시면 완화되고, O-acetylethanolamine이 다량 함유된 종자는 갈아서 치주염 치료에 쓰인다. 말라위에서는 뿌리 침출물을 목 아플 때 사용하고, 서아프리카에서는 줄기 침출물을 결막염으로 아픈 눈을 씻어낼 때 사용한다. 세네갈에서는 장염 치료에 과육을 물에 타서 마시거나, 종자를 가루로 만들어 침출물을 마신다. 아프리카 전역에서 일반적으로 상처 염증에 바오밥 종자나 잎 가루를 바르거나 습포로 만들어 붙인다. 또한 이를 이용해 상처 부위를 훈증하는 데 이용한다.

바오밥은 아프리카에서 가장 널리 쓰이는 약용식물로 항열작용, 해열작용, 발한작용이 있어서 열병이나 감기 치료에 이용되었고, 오늘날도 민간요법으로 자주 사용된다. 감기에는 주로 바오밥 나무 껍질 또는 잎 가루를 이용하여 침출액을 만들어 복용한다.

잎의 이용

바오밥 잎을 넣고 끓여서 만든 물은 설사와 열병을 방지한다고 알려졌다. 바오밥 학명의 속명(*Adansonia*)이 된 프랑스 박물학자 아단손은 아프리카 세네갈에서 생물채집을 할 때, 매일 아침, 저녁으로 바오밥 잎 끓인 물을 500ml씩 마셨다고 한다. 오늘날에도 바오밥 잎 침출물은 말라리아 치료에 이용되며, 세네갈에서 케냐에 이르는 넓은 지역에서 감기와 열병 치료에 바오밥 잎 침출물을 사용한다.

바오밥 생엽은 비타민C 함량이 높고, α-, β-카로틴, 뮤신, 타닌, 칼륨, 칼슘, 카테킨, 주석산, 글루탐산 등 여러 당류들이 풍부하고, 발한효과, 해열효과, 항히스타민효과가 있어서 치료제로 쓰인다. 특히, 천식, 만성피로, 염증, 벌레 물린데, 담석 및 요로결석 치료에 이용된다. 또한 잎 침출물은 선충인 메디나 기생충에 의해 감염되는 드라쿤쿠루스증(아프리카 풍토병 중 하나이며 주로 메디나충에 감염된 물벼룩이 사는 물을 마셔서 감염되는데 국제보건기구 자료에 의하면 1980년에는 350만 명이 감염되었으나, 2011년에는 1,058명으로 발병률이 낮아짐)의 치료에 사용되기도 한다.

줄기껍질의 이용

줄기껍질 침출물은 케냐, 탄자니아, 말리 지역에서는 열병 치료에 이용한다. 인도의 아유베다 의학에서도 바오밥 껍질, 잎 침출물, 과육 등을 폐렴증상으로 인한 해열제 및 발한제로 이용한다. 이 침출물은 생쥐 실험 결과 진통 및 해열효과가 일반 아스피린 투여와 비슷한 것으로 보고되었다.

과육의 이용

바오밥 과육과 종자도 물에 끓여 마시면 차가 되는데 해열제로 이용된다. 덜 익은 열매를 곡물인 기장과 함께 요리하여 캔디를 만들 수 있는데, 지역민들은 이를 벵갈(bengal)이라고 부르고, 해열제와 변비 치료제로 활용한다.

　바오밥 과육은 오렌지, 키위, 딸기보다 많은 비타민C를 함유하므로, 아프리카에서 자주 발생되는 비타민C 결핍증의 치료에 널리 이용되었다. 그러나 현재는 식생활의 개선으로 치료제보다는 건강보조식품으로 시판되고 있다.

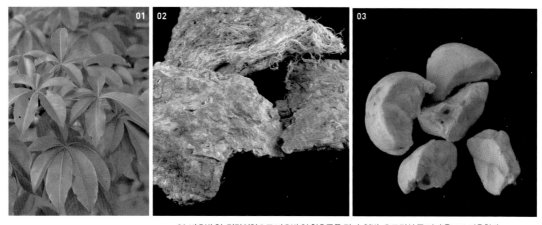

01 바오밥 잎. 민간의약으로 바오밥 잎 침출물을 감기, 열병, 요로결석 등 여러 용도로 이용한다.
02 시장에서 민간의약으로 판매하는 줄기껍질. 칼슘영양제, 해열제로 이용한다.
03 바오밥 과육. 민간의약으로 해열제, 변비 치료제, 비타민C 결핍 치료에 이용한다.

09 바오밥의 보존

세계에 분포하는 바오밥 9종 중 6종은 마다가스카르 특산종이며, 이 중 3종은 국제 자연보존연맹(International Union for Conservation of Nature, IUCN, 자연 및 생물다 양성 보존을 위하여 1948년 결성된 국제기구로 최근의 총회는 2012년 10월 우리나라 제주 에서 개최되었다.)의 국제 멸종위기생물종 목록집인 적색목록집(Red Data Book)에 멸종위기종(EN등급)으로 등재되어 있다. 나머지 마다가스카르 특산 3종은 위협에 가까우나 멸종위험성은 낮은 것으로 평가되었다. 아프리카 대륙 2종과 호주 1종은 멸종위험성이 없는 것으로 평가되었다. 멸종위기종으로 지정된 3종 및 이들의 멸종 위협요인은 다음과 같다.

그랑디디에바오밥(A. grandidieri) – 멸종위기(EN등급). 3세대 이내에 개체수가 현재 보다 50% 이하로 감소 예상되며, 서식지가 급격히 감소하고, 자연에서 후속세대 나무들이 잘 관찰되지 않는다. 마다가스카르 서부에 제한적으로 분포한다.
페리에바오밥(A. perrieri) – 멸종위기(EN등급). 5개 이내의 분절된 서식지에 분포한 다. 분포면적이 좁고, 서식지가 양호하지 않다. 전체 200그루 이내만 생존하며, 마다 가스카르 북부 앰버산국립공원 지역 및 일대에 제한 분포하며, 바오밥 종 중에서 멸 종위기의 심각성이 가장 높다.
수아레즈바오밥(A. suarezensis) – 멸종위기(EN등급). 서식지가 급속히 감소되었고, 후손나무들이 잘 관찰되지 않는다. 마다가스카르 북부 디에고만 일대와 인근의 프렌 치산 지역에 제한 분포한다.

필자가 마다가스카르의 바오밥 자생지를 직접 조사한 경험과 여러 자료에 의하면 이들 3종 중 페리에바오밥이 멸종에 가장 위험한 수준이고, 그 다음이 수아레즈바오 밥이며, 그랑디디에바오밥은 멸종보다는 보호차원에서 지정된 것으로 보인다.

멸종위기종이 아니더라도 오래된 바오밥 나무들은 그 지역 토속민들의 생활, 문 화 등과 관계되어 있어서 여러 지역에서 주민들에 의하여 보존되고 있다. 남아프리 카공화국, 나미비아, 호주 등의 고령목들은 우리나라가 오래된 나무를 천연기념물 또는 노거수로 보호하는 것과 비슷하게, 해당 국가 또는 지역 차원에서 지정하여 보 존한다. 또한 사유재산인 경우 소유자들에 의해 보호되기도 한다.

그러나 특정 나무의 보존도 중요하지만, 바오밥의 서식지 및 생태계를 보존하는

국제자연보존연맹지정 멸종위기 바오밥 종들
01 500년 된 그랑디디에바오밥 02 500년 된 페리에바오밥 03 300년 된 수아레즈바오밥

문제가 시급하다. 바오밥은 아프리카 전역에 널리 퍼져 있지만, 자생 서식지는 동남 아프리카 일부 지역을 제외하고는 보기 힘들다. 호주바오밥의 경우도 자생 서식지가 많이 파괴되었으나, 다른 종들에 비해 자생 서식지가 양호한 편이다. 마다가스카르의 경우는 대부분의 바오밥 서식지가 심각하게 훼손되었으며, 일부 국립공원 지역 및 보호구역 내에서만 보존되는 정도이다. 마다가스카르의 경우 인공번식에 의한 후 대림 양성과 같은 적극적인 보존대책이 추진되어야 할 것이다. 자생 서식지에서 유목림 또는 후대림이 거의 없는 이유는 종자 전파와 연관이 있으며, 사람에 의한 열매의 제거도 감소 원인 중 하나이고, 기후변화와 사막화에 따른 적응도 문제일 수 있다. 그러나 자연현상보다는 인간에 의한 간섭, 서식지의 분절화, 서식지 감소 등이 멸종의 주원인인 것은 틀림없다. 페리에바오밥이나 수아레즈바오밥 같은 일부 종들은 이미 멸종의 회오리바람(멸종위기종들은 서식지 분절화, 개체수 감소, 유전적 다양성 감소, 생식율 저하 등이 서로 연계되어 한 번 이 바람 속에 들어서면 빠져나오기 어려워 빠른 속도로 멸종된다는 보존생물학의 한 가지 이론) 속에 있다. 이들을 어떻게 구해낼 수 있을까? 바오밥이라는 아름답고 의미 있는 식물과 그 서식지를 보존하는 일은 어느 한 국가의 책무가 아니라, 지구상 모든 인류의 책무라고 생각한다. 마다가스카르는 국가 내의 멸종위기종 보존을 위한 인프라가 취약하므로 국제적인 협력과 도움이 필요하다.

10 바오밥속의 종다양성

- **국명** 바오밥속
- **학명** *Adansonia* L (1759) Syst. Nat. ed. 10, 2: 1144.
- **이명** *Ophelus* Lour., (1790) Fl. Cochin. 412.
  Baobabus Kuntze, (1891) Rev. Gen. 1: 66.
- **기본종** 바오밥(*Adansonia digitata* L.)

바오밥속 내의 절과 종 분류

바오밥속은 수술통의 특징에 의해 바오밥절, 넓은수술통절, 긴수술통절 등 3개 절로 구분된다. 바오밥절은 아프리카 대륙 원산 2종, 넓은수술통절은 마다가스카르 특산 2종, 긴 수술통절은 호주 북부 특산 1종과 마다가스카르 특산 4종 등 총 5종이 포함된다.

바오밥 종의 주요 식별형질

속 및 종	줄기	잎	꽃차례, 꽃봉오리, 꽃받침, 꽃잎	수술과 암술	열매와 종자	분포와 기타
바오밥속 *Adansonia*	통통하다 병형 · 통형 일반 나무형 낙엽성 교목	장상복엽	꽃받침통, 꽃잎, 수술통 기부에 유합 ●꽃받침이 꽃을 완전히 둘러쌈	**수술통** 형성 배주의 수가 많음	●폐과로 두꺼운 열매껍질 ●스폰지질 또는 초크질 과육 ●신장형 종자	건기와 우기가 뚜렷한 지역 열대 · 아열대 아프리카, 호주 북서부, 마다가스카르
바오밥 (아프리카 바오밥) *A. digitata*	통형 회색 · 갈색	작은잎 5~9개	■꽃자루 밑으로 늘어짐 ■꽃봉오리 구형 **꽃받침** 흰색 · 녹색, 반곡 **꽃잎** 흰색	수술통 짧고 넓다 (4~6cm ×0.8~1.4cm) 암술대 숙존, 흰색	타원형 · 장타원형 크다 **종자** 납작한 신장형	아프리카 대륙에 광범위하게 분포 꽃 10~4월 잎 10~4월
키리마 바오밥 *A. kilima*	통형 회색 · 갈색	작은잎 5~7개	■꽃자루 밑으로 늘어짐 ■꽃봉오리 구형 **꽃받침** 흰색 · 녹색, 반곡안함 **꽃잎** 흰색	수술통 짧고 넓다 (1.2~2cm ×0.8~1cm) 암술대 숙존, 흰색	타원형 · 장타원형 크다 **종자** 납작한 신장형	남서아프리카 고산지대 꽃 10~4월 잎 10~4월 ▲염색체 2배체 ▲바오밥보다 꽃, 열매, 잎이 작다
그랑 디디에 바오밥 *A. gran didieri*	통형 갈색 · 적색	▲잎에 속생하는 털이 밀생	꽃자루 짧고 곧추섬 ■꽃봉오리 타원형 ■꽃받침 흰색 · 적갈색, 반곡 **꽃잎** 흰색	수술통 짧고 넓다 (0.8~1cm ×1.4~1.6cm) 암술대 숙존, 흰색	난형 · 아구형 크다 **종자** 통통한 신장형	마다가스카르 서부 꽃 5~8월 잎 10~5월 **열매** 11~12월

수아레즈 바오밥 *A. suarez ensis*	통형 ■ 암적색		꽃자루 짧고 곧추섬 ■ **꽃봉오리** 타원형 **꽃받침** 흰색· 녹색, 반곡 **꽃잎** 흰색	수술통 짧고 넓다 (1cm×1.5cm) 암술대 숙존, 흰색	타원형· 장타원형 크다 **종자** 퉁퉁한 신장형	마다가스카르 북부 **꽃** 5~7월 **잎** 12~4월 **열매** 10~11월
페리에 바오밥 *A. perrieri*	통형· 원추형 회색		꽃자루 짧고 곧추섬 **꽃봉오리** 긴원통형 **꽃받침** 흰색· 녹색, 감김 **꽃잎** 흰색· 연노란색	▲ 수술통 매우 길고 이생하는 부위는 매우 짧다 (13~20cm ×0.7cm) 암술대 숙존, 흰색, 끝만 적색	타원형· 장타원형 크다 **종자** 납작한 신장형	마다가스카르 북부 **꽃** 11~12월 **잎** 11~4월 **열매** 10~11월
호주바오밥 *A. gregorii*	통형·병형 회색·갈색	▲ 끝이 매 우 뾰족	꽃자루 짧고 곧추섬 **꽃봉오리** 긴원통형 **꽃받침** 흰색· 녹색, 감김 **꽃잎** 흰색· 연노란색	수술통 길고 좁다 (4~6cm ×0.8~1.5cm) 암술대 숙존, 흰색	▲ 끝이 뾰족한 타원형 작다 ▲ 열매껍질이 비교적 얇다 **종자** 납작한 신장형	호주 북서부 **꽃** 11~12월 **잎** 11~4월 **열매** 1~3월
루브로스 티파바오밥 *A. rubros tipa*	통형· 물병형 갈색·적색	▲ 거치가 있음 ▲ 잎이 얇고 작음	꽃자루 짧고 곧추섬 **꽃봉오리** 긴원통형 **꽃받침** 적색· 연녹색, 감김 ▲ **꽃잎** 수술보다 짧다 노란색· 오렌지색	수술통 길고 좁다 (4~10cm ×1~1.2cm) 암술대 탈락, 적색	구형·아구형 작다 **종자** 납작한 신장형	마다가스카르 서부–서남부 **꽃** 2~4월 **잎** 10~4월 **열매** 10~11월
마다가스 카르바오밥 *A. madaga scariensis*	일반 나무형 회색		꽃자루 짧고 곧추섬 **꽃봉오리** 긴원통형 **꽃받침** 적· 연녹색, 감김 **꽃잎** 수술과 같거나 김, ▲ 적색	수술통 길고 좁다 (5~6cm ×0.8~1.5cm) 암술대 탈락, 적색	구형·아구형 작다 **종자** 납작한 신장형	마다가스카르 북부–북서부 **꽃** 2~4월 **잎** 11~4월 **열매** 10~11월
자바오밥 *A. za*	통형· 일반 나무형 회색·갈색	▲ 종종 작 은잎자루 잘 발달	꽃자루 짧고 곧추섬 **꽃봉오리** 긴원통형 **꽃받침** 적색, 녹색, 감김 **꽃잎** 수술과 같거나 김, 노란색· 오렌지색	수술통 길고 좁다 (4~6cm ×1~1.6cm) 암술대 숙존, 적색	타원형· 장타원형 크다 ▲ 열매자루가 종 종 비후 **종자** 납작한 신장형	마다가스카르 북부·북서부· 서부·서남부 **꽃** 12~2월 **잎** 10~4월 **열매** 10~11월

(▲1종에서만 나타나는 단독파생형질, ■2종 이상에서 나타나는 공유파생형질, ●속의 고유형질)

바오밥속의 절과 종 분류 검색표

1a 수술통은 길이 1.2~6cm, 지름 0.8~1.4cm로 넓고, 이생하는 수술대는 수술통과 길이가 비슷하고; 종자는 길이 1~1.2cm 이내로 옆으로 납작한 신장형; 꽃자루는 늘어져 달리며, 꽃봉오리는 원형으로 길이와 폭이 비슷하고; 아프리카에 널리 분포한다.

―――――――――――――――――――――――――― **바오밥절 Section Adansonia**

2a 꽃잎은 개화 초기에 반곡하며, 꽃 지름 9.5~10.6cm; 수술 수 700~1,600개; 꽃가루 지름 55~70㎛, 염색체는 4배체(약 176개)이다. 아프리카에 널리 분포한다.

――――――――――――――――――――――――――― 1) 바오밥 *A. digitata*

2b 꽃잎은 개화 초기에 뒤로 반곡하지 않고, 꽃 지름 3.8~4.2cm; 수술 수 270~640개, 꽃가루 지름 40~47㎛, 염색체는 2배체(약 88개)이다. 아프리카 남동부 600m 이상 높은 지역에 분포한다. ――――――――――― 2) 키리마바오밥 *A. kilima*

1b 수술통은 길이 1cm 정도, 지름 1.5cm 정도로 넓고 짧으며, 이생하는 수술대는 수술통 길이의 5배 이상으로 길고; 종자는 길이 1.2~2cm, 옆으로 납작하지 않은 신장형; 꽃봉오리는 짧고 서며 난형-장타원형으로 길이가 폭의 2배 정도; 마다가스카르에 제한 분포한다. ――――――――――――――――――― **넓은수술통절 Section Brevitubae**

3a 작은잎은 주로 9~11장, 잎 이면에 회색 털이 밀생하고, 좁은타원형-피침형이다. 열매는 아구형-타원형으로 길이가 폭의 2배 이내; 꽃받침 바깥쪽(꽃봉오리)이 적갈색-갈색이다. 마다가스카르 서부에 분포한다.

―――――――――――――――――――――― 3) 그랑디디에바오밥 *A. grandidieri*

3b 작은잎은 주로 6~9장, 잎 이면이 조모 또는 무모, 타원형-도피침형이다, 열매는 장타원형-원통형으로 길이가 폭의 2배 이상; 꽃받침 바깥쪽(꽃봉오리)이 연녹색-녹색이다. 마다가스카르 북부에 분포한다. ―――― 4) 수아레즈바오밥 *A. suarezensis*

1c 수술통은 길이 3~25cm, 지름 0.8cm 이내로 좁고 길며, 이생하는 수술대는 수술통 길이와 비슷하거나 짧고; 종자는 길이 1~1.4cm, 옆으로 납작한 신장형; 꽃봉오리는 길고 위로 또는 옆으로 서서 달리고, 길게 신장된 원통형으로 길이가 폭의 5배 이상, 마다가스카르 및 호주 북서부에 분포한다. ―――――――― **긴수술통절 Section Longitubae**

4a 수술통은 길이 13~20cm로 꽃 밖으로 도출되며, 이생하는 수술의 8배 이상으로 길다. 턱잎이 숙존하며; 암술대는 꽃잎 및 수술과 함께 탈락한다. 열매는 난형-타원형이다. ――――――――――――――――――― 5) 페리에바오밥 *A. perrieri*

4b 수술통은 길이 3~10cm로 꽃 밖으로 도출되지 않으며, 이생하는 수술의 길이

와 비슷하거나 2배 이내의 길이다. 턱잎은 일찍 떨어지며; 암술대는 숙존하거나 꽃잎 및 수술과 함께 탈락한다. 열매는 원형-난형-타원형이다.

5a 꽃봉오리 길이 10~15cm; 꽃잎은 흰색-크림색으로 뒤로 말리지 않고; 열매 껍질이 얇아 열매는 잘 깨진다. 잎은 끝이 매우 뾰족한 점첨두, 측맥이 잎 아래로 도출하는 정도가 낮다. 호주 북서부에 분포한다. ── 6) 호주바오밥 *A. gregorii*

5b 꽃봉오리 길이 15~28cm; 꽃잎은 노란색, 주황색, 적색으로 뒤로 말리고; 열매껍질이 두꺼워 잘 깨지지 않는다. 잎은 끝이 뾰족한 점첨두-둔두, 측맥이 잎 아래로 도출하는 정도가 뚜렷하다. 마다가스카르에 분포한다.

6a 엽연은 치아상 거치연, 가운데 작은잎의 폭은 2cm 이내, 작은잎자루는 없다. 꽃잎이 수술보다 짧고, 가운데 수술이 수술통 위로 유합한다. 암술대는 일찍 떨어진다. 열매는 구형-아구형; 줄기는 물병-물통형이다. 마다가스카르 서부-서남부에 분포한다. ──────── 7) 루브로스티파바오밥 *A. rubrostipa*

6b 엽연은 전연, 가운데 작은잎의 폭은 2cm 이상, 작은잎자루가 있거나 없다. 꽃잎이 수술과 길이가 같거나 길고, 가운데 수술은 수술통 위로 유합하지 않는다; 암술대는 숙존 또는 일찍 떨어진다. 열매는 구형-장타원형; 줄기는 길고 위쪽이 좁은 원뿔형이다. 마다가스카르 북부-서부-남부에 분포한다.

7a 작은잎자루는 무병; 잎의 2차맥은 8~16쌍; 암술대 일찍 떨어진다; 열매 구형-아구형, 열매자루는 주로 비후되지 않는다. 개화기 2~4월, 꽃의 기부는 뚜렷하게 확장되고; 꽃잎은 적색이다. 마다가스카르 북부-북서부에 분포한다. ──────── 8) 마다가스카르바오밥 *A. madagascariensis*

7b 작은잎자루는 길이 3cm 정도에서 무병; 잎의 2차맥은 10~20쌍; 암술대 숙존성; 열매 타원형-원통형, 열매자루는 주로 뚜렷하게 비후된다. 개화기 11~2월, 꽃의 기부는 뚜렷하게 확장되지 않고; 꽃잎은 주황색-노란색이다. 마다가스카르 북부에서 서부, 남부에 널리 분포한다.

──────────────── 9) 자바오밥 *A. za*

Part II

세계의 바오밥

The Baobabs of the World

아프리카에서 흔히 볼 수 있는

바오밥

바오밥은 사하라사막 이남 아프리카 대륙 전역에서 쉽게 볼 수 있으나, 자생지는 동아프리카 케냐에서 남으로 남아프리카공화국 동북부에 이르는 남동아프리카 지역과 서아프리카 아이보리코스트에서 남으로 나미비아에 이르는 서남아프리카 에 이르는 지역에 부분적으로 남아 있다. 아프리카에서 볼 수 있는 대부분의 바오 밥 나무가 이 종이므로 아프리카 바오밥이라고도 부른다. 마다가스카르바오밥이 나 호주바오밥에 비하여 나무 모양이 옆으로 퍼지는 특성이 있고, 늘어진 꽃대에 흰색 꽃이 달리는 모양이 다른 바오밥 종들과는 쉽게 구별되는 특징이다. 아프리 카 대륙의 여러 부족들에게는 바오밥과 연관된 전설과 설화들이 많이 있으며, 토 착민들의 삶과 밀접한 관계를 갖고 있다. 열매, 줄기껍질, 잎 등을 약용, 식용, 가 축먹이 등으로 널리 이용하며, 잎의 추출물을 화장품 원료로 이용한다. 특히 열매 속의 흰 과육은 영양조성이 이상적이어서 분리하여 슈퍼푸드로 판매된다. 이는 임산부나 어린이의 영양식으로 활용되기도 하며, 더운 지역에서는 청량음료로 마 시기도 한다.

남아프리카공화국 동북부의 림포포주 찌피세 인근의 바오밥과 당나귀

남아프리카공화국 림포포주 마시시 지역의 바오밥과 어린 학생들

바 오 밥

【학명】

Adansonia digitata Linnaeus (1759) Syst. Nat. ed. 10, 2: 1144.

【이명】

Adansonia bahobab L., (1763) Sp. Pl. 2: 960.

Adansonia baobab Gaertn., (1791) Fruct. 2: 253, t. 135.

Boababus digitata (L.) Kuntze, (1891) Rev. Gen. 1: 66.

【일반명·지역명】

Baobab, African baobab, Bottle tree, Dead-rat tree, Upside-down tree

*종소명 디지타타(*digitata*)는 잎이 손가락 모양으로 갈라진 복엽으로 되었음을 의미하며, 식물학의 아버지라 불리는 린네에 의하여 이집트에서 재배하는 것을 채집한 표본을 기준으로 1753년 명명된 최초의 바오밥이다.

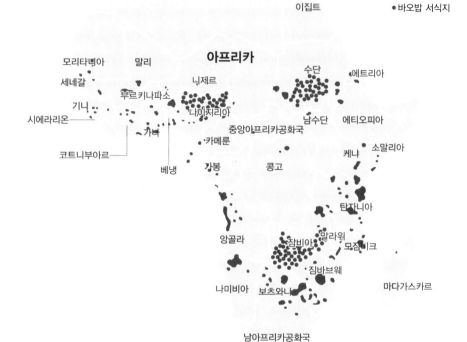

이집트
●바오밥 서식지

아프리카

모리타늬아　말리
세네갈　　　　　　니제르　　　수단　　에트리아
기니　부르키나파소
시에라리온　　　　나이지리아　　남수단　에티오피아
가나　　　　중앙아프리카공화국
코트니부아르　　　카메룬　　　　　　케냐　소말리아
베냉　　가봉　　콩고
탄자니아
앙골라　　잠비아　말라위
　　　　　짐바브웨　모잠비크
나미비아　보츠와나　　　　마다가스카르

남아프리카공화국

분 포

아프리카 대륙의 사하라사막 이남에 주로 분포한다. 대서양 해안지대인 세네갈에서 카메룬, 카메룬에서 나미비아에 이르는 해안지대 국가, 동쪽 인도양 쪽으로는 에티오피아, 수단, 케냐에서 남아프리카공화국 북부에 이르는 지역, 내륙으로는 보츠와나, 짐바브웨, 모잠비크, 말라위 등에 주로 분포한다. 동북쪽으로는 아라비아 반도 남쪽 끝 예멘까지 분포한다. 이들 지역에서는 강수량에 따라 해안지대, 사바나, 산림지대까지 널리 분포한다. 오랜 인류역사 기간 동안 인간에 의하여 종자가 널리 전파되어 자연 분포지와 심은 분포지를 구별하기 매우 어려운 경우가 많아 정확한 자연분포지를 밝히기 어렵다. 서식밀도로 보아 남아프리카공화국 동북부에서 보츠와나, 짐바브웨, 모잠비크, 잠비아, 케냐에 이르는 동-남아프리카 지역, 아이보리코스트의

호주 북단 다윈시 다윈식물원에 식재된 바오밥의 어린 나무

서아프리카 해안 지역 국가들, 탄자니아-케냐-에티오피아에 이르는 동북아프리카 국가 등 3개의 주요 분포지가 있다. 아프리카, 아라비아 반도 이외에 인도의 건조지에서도 거의 야생상으로 자라며, 세계 각국의 식물원에서 기본 식물로 재배하여 쉽게 볼 수 있다. 우리나라도 국립생태원 온실, 국립수목원 온실 등에서 재배하는 것을 볼 수 있다.

기후와 식생

바오밥은 우기와 건기가 뚜렷한 열대사바나 기후 및 이와 유사한 기후에 적응한 식물로 주로 사질토양, 자갈토양 등에 자라고 초지식생이나 아카시아나무 등과 함께 자란다. 바오밥은 열대우림보다는 열대사바나 지역에 더 잘 적응한 식물로 적도 지역을 중심으로 남·북위 25도 이내의 연간강수량이 500~1,000mm 정도 되는, 덥고 건조한 지역이 최적지이지만, 재배 지역의 기후대는 비교적 광범위하며 열대-아열대성 지역이면 모두 생육 가능하다.

수형과 수피

바오밥 나무는 지구상에 생육하는 가장 큰 다육식물로 평가된다. 건기와 우기가 뚜렷한 환경에 적응하여 우기에 물을 저장하고 건기에 생존하는 전략에 따라 줄기가 비후되어 주 줄기가 주로 원통형이고 끝에 여러 개의 가지가 나뉘어 자라는 게 특징이다. 뿌리가 깊이 발달하므로 뒤집혀 자라는 나무(Upside-down tree)라는 별명을 갖고 있다. 그러나 목재 자체는 쉽게 썩어서 종종 가운데에 빈 공간이 생기고, 가장자리의 물관부와 체관부는 새로 잘 자라므로 오랜 세월 동안 인간의 간섭, 돌풍이나 기후변화에 적응하는 과정에서 수형은 다양하게 변화되어 자란다. 이렇게 바오밥은 자라는 토양환경 및 미세기후 여건에 따라서 전체적으로 매우 다양하게 변형되었으나 아프리카의 생태 경관에서 독특하게 남아 있으므로 일반 여행자들도 쉽게 바오밥을 인지할 수 있다. 수피의 색깔도 연령대에 따라 또한 생육 토양환경에 따라 흰색, 회색, 갈색, 진한 갈색, 가끔은 붉은색 등 매우 다양하고, 수피가 터지는 모양이나 정도도 연령과 생육환경에 따라 다양하다.

01-02 잎

연 령

바오밥은 건조에 대한 내성이 강하고 유묘의 성장 속도는 비교적 빠르나 성숙한 나무는 천천히 성장하며 2,000년 이상 생존하는 것으로 추측된다. 최근 탄소 동위원소를 이용하여 비교적 정확하게 연대추정이 진행된 남아프리카공화국의 글렌코바오밥의 가장 오래된 부위가 1,835±40년으로 학계에 보고되었으며, 이는 생존하는 피자식물 중 가장 오래된 나무에 해당된다. 같은 방법으로 연대가 측정된 남아프리카공화국의 선랜드바오밥(플레이트바오밥)의 경우는 가장 오래된 부분이 1,060±75년으로 보고된 바 있다. 이상의 과학적 자료로 보아 바오밥은 2,000년 정도까지 생육하는 것이 입증되었고, 과학적으로 연대 측정은 되지 않았지만 아프리카에 살고 있는 오래된 바오밥의 경우 1,000년 이상의 수령을 가진 것들이 다수 있을 것으로 추정된다.

식물의 특징

줄기

건기에 잎이 떨어지는(남아프리카공화국, 보스니아, 나미비아, 모잠비크 등 자생지에서 잎은 우기가 시작되는 11월경부터 발달하며, 건기인 4~5월경에 떨어짐) 낙엽활엽교목으로 높이 28m에 달하나 이렇게 높이 자라는 나무는 드물고, 주로 20m 이내로 자란다. 원통형 줄기는 흉고지름 10m에 다다르게 자라며, 뿌리같이 많이 분지하는 줄기를 만들고, 줄기는 아래쪽으로 처지는 것에서 곧추서는 것 등 다양하다. 줄기는 물을 저장할 수 있도록 비후되었고 원통형을 이루며 주 줄기와 가는 줄기에 체관섬유가 잘 발달되어 잘 꺾이지 않고 껍질이 길게 벗겨지는 특성을 지닌다. 주 줄기의 수피는 두께 5~10cm 정도로 두껍게 발달하고 겉은 주로 회갈색이지만 생육환경에 따라 회색 또는 짙은 갈색도 있다. 수피 표면은 주로 평활하지만 가끔 렌즈 모양의 피목, 원형돌기, 또는 물결 모양의 굴곡을 이루기도 한다.

잎

손바닥 모양으로 갈라지는 장상복엽이며, 어긋나게 달리지만 주로 가지 끝에 속생한다. 잎자루는 길이 5~15cm 정도로 털이 없거나 약간 있고, 가로단면을 보면 아래쪽은 둥글고 위쪽은 약간 편편하다. 작은잎은 5~9개(주로 7개)로 가운데 작은잎이 가장 크고, 아래쪽 작은잎이 크기가 가장 작다. 작은잎자루는 없거나 짧다. 가운데 작은잎은 타원형-도란형으로 길이 5~15cm(주로 8~10cm), 폭 3~7cm 정도로 위쪽에서 1/3 사이가 가장 넓다. 엽정은 예두-점첨두, 엽저는 유저-설저, 엽연은 전연이다. 잎의 상부는 녹색, 하부는 회녹색, 주맥은 잎 하부로 융기하며, 측맥은 어긋난다. 잎의 하부에 단모가 있거나 없다. 턱잎은 좁은 삼각형으로, 길이 0.5cm 정도이고, 그 끝이 뾰족하며 일찍 떨어진다. 정아와 어린 가지는 회색 견모로 싸여 있다.

꽃

가지 끝의 엽액에서 주로 하나씩 발달한다. 꽃봉오리는 길게 늘어져 달리는 꽃자루에 처져서 달린다. 꽃자루의 길이는 변이가 커서 10~90cm 정도이고, 끝부분에 결절이 발달하고 결절에서 꽃 사이의 3~10cm 정도가 비후되었으며, 이 부분은 지름

01 꽃봉오리 02 꽃 03-04 꽃이 진 뒤

1~1.5cm 정도이고 약간 세로로 골이 진다. 개체에 따라서는 꽃자루가 5cm 이내로 매우 짧아 마치 가지에 바로 붙은 것 같은 것도 있다. 꽃자루와 꽃봉오리는 연녹색이고, 개화 직전의 꽃봉오리는 원형이며 끝이 뾰족하고 지름 6~9cm로 어른 주먹 정도의 크기이다. 해질 무렵 꽃받침의 끝이 열리며 흰색 꽃잎이 나오면서 개화하기 시작하여 같은 날 저녁에서 이튿날 아침 사이에 완전히 개화한다. 개화한 꽃은 지름 10~14cm 정도로 크다. 꽃받침은 주로 3~5갈래로 갈라지고 기저 부분은 컵 모양으로 유합되어 화탁을 이루고, 갈라진 부위는 뒤로 반곡하여 한 번 말리며 혁질이다. 꽃받침 열편은 긴 삼각형으로 길이 5~9cm, 폭 3~7cm 정도로 바깥쪽은 연녹색으로 단모가 밀생하고, 안쪽은 흰색-녹색을 띠며 견모가 밀생한다. 꽃잎은 흰색 5장, 각 열편은 넓은 도란형으로 위쪽이 넓으며 길고 평행하게 발달한 맥을 볼 수 있다. 꽃잎의 아랫부분이 더 두껍고, 길이 6~10cm, 폭 6~10cm로 길이-폭의 비가 비슷하고 개화하면서 뒤로 반곡하여 꽃받침 위로 감긴다. 꽃잎의 기저부는 수술대 하부에 유합되었다. 꽃잎은 처음에는 흰색이지만 시간이 지나면서 부분적으로 갈색을 띠고 갈변하면서 기저부가 수술대에 유합된 채로 탈락한다. 수술대 기저부는 하나의 원통으로 유합되었고, 유합된 원통 부분은 길이 4~6cm, 지름 0.8~1.4cm이고, 꽃잎이 붙는 아래쪽 부분이 약간 더 넓고 무모이다. 수술대 상부는 이생하며 700~1,600개의 수술대로 가늘게 나뉘는데, 이생하는 부분은 길이 2~4cm이며, 그 끝에 노란색의 꽃밥이 달려 있다. 암술은 수술보다 1~2m 정도 길며, 길이 9~12cm 정도이고, 암술대 끝의 암술머리는 2~5열로 나뉘며 약간 비후하였고 스폰지질로 흰색이다. 암술대는 주로 수술통이 끝나는 부위에서 L자로 굽었으며 무모이고, 자방은 끝이 좁은 원통형으로 길이와 폭이 1cm 정도이고 노란색으로 짧은 털이 있다.

꽃은 주로 땅을 향해 개화한다. 수술과 유합한 꽃잎은 개화 2일째에 꽃에서 탈락하는데 암술대 끝부분에 걸쳐 있는 갈변한 꽃잎과 수술의 유합 부위를 종종 볼 수 있다. 탈락한 꽃잎과 수술의 유합 부위는 건조하면서 갈색, 적갈색을 띠며 개화 직후 나무의 주변에서 흔히 관찰할 수 있다. 꽃받침은 갈색으로 말라서 열매가 거의 성장할 때까지 남아 있으나, 열매가 성숙하면서 점진적으로 탈락한다. 암술대도 갈색으로 말라서 성숙하는 열매에 붙어 있으나 점진적으로 열매가 성숙하면서 탈락한다. 자생지에서 꽃은 주로 우기가 시작되면서 잎과 함께 피거나 잎이 나온 후 피는데 강수에 따라서 개화기는 10~4월로 다양하다.

01 열매가 주렁주렁 달린 바오밥(남아프리카공화국 북서부 림포포주 찌피세 근처의 무쏘디 마을)
02 어린 열매 03 둥근 열매 04 타원형 열매

열매

원통형-타원체형으로 암술머리가 붙었던 끝부분이 약간 뾰족하고, 길이 10~20cm, 지름 8~15cm 정도이다. 열매는 아래로 처져 달린다. 발달하는 열매는 연한 녹색이지만 익은 열매는 연한 갈색-짙은 갈색으로 표면에 짧은 갈색 견모가 밀생한다. 수정 후 열매는 비교적 빠른 속도로 성숙하여 개화 후 3~4개월 지나면 완전히 성숙한다. 열매는 성숙하면 열매자루과 함께 나무에서 떨어지고 열매자루는 목질화되며 지름 0.8~1.2cm 정도이다. 열매껍질은 두께 0.8~1cm로 단단하지만 내리칠 경우 부서진다. 종자를 둘러싼 종의층은 흰색이고 갈색의 길게 발달한 성긴 섬유질로 덮여 있다. 주로 길게 5~6실로 구성되며, 종자는 신장형으로 측면이 판판하고 길이 1~1.3cm, 두께 0.8~1cm, 폭 0.4~0.5cm이다. 종자를 둘러싼 흰색 종의층은 마르기 전에는 주스를 제조할 수 있으며, 마른 전분은 그대로 먹을 수 있는데 약간 구수한 맛이다. 종자는 암갈색-검은색, 대부분 떡잎 부위로 구성되며 떡잎은 종자 안에 여러 차례 접혀서 존재한다.

유묘

뿌리의 주근은 약간 비후되어 어린 당근 뿌리 같으며 가는 측근이 발달한다. 떡잎은 원형으로 지름 3~4cm로 큰 편이고, 짧은 잎자루로부터 3~5개의 엽맥이 장상으로 발달한다. 유축이 신장하면서 처음 나오는 잎은 주로 하나의 잎몸으로 되어 있지만, 두번째 잎은 주로 3개의 작은잎으로 구성되며, 위로 갈수록 잎몸이 5개로 나뉜 잎이 점진적으로 발달한다. 턱잎은 좁은 삼각상이고 일찍 탈락한다.

01 수확한 열매 02 열매 세로단면 03 열매 과육과 섬유

이용

바오밥 가루와 주스

성숙한 바오밥 열매를 깨면 그물 모양으로 얽힌 적색의 섬유질 사이로 흰색 바오밥 종의층을 쉽게 볼 수 있다. 이 종의층을 수집하여 종자를 제거하고 말린 후 빻으면 바오밥 가루가 된다. 이 바오밥 가루는 오랫동안 아프리카 국가들에서 식품으로 이용되어 왔다. 열매의 종의층은 약간 신맛과 떫은맛을 지니나 그냥 먹거나 가루를 반죽하여 빵으로 구워서 먹기도 한다. 특히 이 가루와 찬물, 설탕, 레몬즙 등으로 제조한 바오밥주스는 더운 계절의 청량음료로, 아프리카 국가들에서 널리 이용되어 왔다. 특히, 바오밥가루는 오렌지보다 6배의 비타민C를 함유하며, 우유의 3배에 이르는 철분, 바나나의 6배에 이르는 칼륨, 8가지 필수아미노산을 모두 함유한다. 또한 펙틴, 섬유질과 칼슘도 많고, 다량의 항산화제를 함유하고 있음이 알려지면서 유럽과 아메리카에 슈퍼푸드로 소개되어 판매하는 회사와 수요가 증가하고 있다. 분리한 종자는 볶아서 커피 대용으로 이용한다. 바오밥의 어린 잎은 비타민C, 당분, 칼륨, 칼슘 등이 풍부하여 날것으로 또는 데쳐서 야채로 먹거나, 말린 뒤 저장하여 나물로 이용한다. 또한 잎은 영양분이 풍부하여 가축의 먹이로도 널리 이용된다.

바오밥 나무

오래된 바오밥 나무는 지름 10m 이상의 큰 나무로 자라며, 종종 줄기 안쪽에 큰 공간이 발달하므로 사람들은 이곳을 여러 목적으로 이용하여 왔다. 거주지, 감옥, 모임의 장소, 저장창고, 레스토랑 및 바, 우체국, 군사기지, 교회, 화장실로 이용한 예가 있고, 일부는 관광지로 개발되어 관광객들의 호기심을 자극한다. 또한 우기에 빗물을 받아 건기에 이용하는 물저장 탱크로 이용한 곳도 있는데 4.5톤의 물을 저장할수 있는 나무도 있다. 자연계에서 이 빈 공간은 박쥐나 벌들에게 서식지를 제공하며종종 아프리카 꿀벌들이 바오밥 줄기에 벌집을 만들므로 사람들은 바오밥 나무에서꿀을 수거하기도 한다. 바오밥은 생명력이 강하고 오래 생존하므로 바오밥이 생육하는 아프리카 지역 부족들의 전설 및 미신과도 깊이 연관되어 있다. 예로, 지역에 따라서 바오밥이 다산의 상징으로 여겨지기도 하며, 바오밥 꽃을 수집하면 사자에 먹힌다든지, 바오밥 종자를 물에 던지면 악어 공격을 방지한다든지, 줄기의 추출물을먹으면 강인한 사내가 된다든지 ·하는 이야기가 전해지고 있다. 따라서 아프리카의부족들은 이동하면서 바오밥 씨를 인위적으로 널리 퍼뜨린 것으로 보인다.

바오밥 섬유

바오밥은 체관섬유가 잘 발달하므로 인류는 오랫동안 바오밥 섬유를 이용해온 것으로 보인다. 오래된 바오밥 나무를 보면 종종 섬유를 벗겨낸 자국을 볼 수 있는데, 시간이 지나면 식물들은 제거한 조직을 재생하므로 360도 줄기를 제거하지 않는 한 죽지 않는다. 이 섬유를 이용하여 원주민들은 매트, 로프, 어망, 어구, 옷, 가방, 바구니, 지붕 등을 만들어 이용하였으나 최근 들어서 섬유의 이용은 줄고, 관광상품을 만들어 파는 용도로 사용된다.

바오밥 오일

바오밥 종자에서 추출한 기름, 즉 바오밥 오일은 화장품 제조에 이용된다. 특히 쉽게피부에 흡수되고 끈적거리지 않아 보습제로 이용되며 피부발진이나 피부 알레르기에도 사용된다.

⋏ 선랜드바오밥 Sunland Baobab, Plateland Baobab

남아프리카공화국 동북부 림포포(Limpopo)주의 모짜찌스크루프(Modjadjiskloof) 동북쪽 10km 지점에 위치한 선랜드묘목장(Sunland nursery, Sunland farm)에 있으며, 이 지역을 플레이트랜드(Plateland)라고 하므로 플레이트바오밥(Plateland baobab)이라고도 부른다. 이 바오밥 나무를 찾기가 그렇게 쉽지는 않다. 필자는 요하네스버그(Johannesberg)에서 프레토리아(Pretoria)를 지나 H1번 고속도로를 타고 북쪽으로 폴로콴(Polokwane)까지 간 다음(4시간 소요), R71번 도로로 80km 정도 동북 방향으로 이동하여, R36번 도로를 만나 다시 짜닌(Tzaneen) 방향으로 남으로 10km 정도 이동해 선랜드묘목장을 안내하는 작은 안내판을 볼 수 있었다. 그러나 이 안내판은 잘 안 보이므로 주의하여 보아야 한다(두번째 좌표). 여기서 좌회하여(짜닌 방향에서 오면 우회), 1차로의 포장도로로 3.5km 정도 모짜지(Modjadji) 방향으로 가다가 왼쪽 비포장도로로 다시 2km 정도 이동하면(중간에 비포장도로에서 한 번 좌회) 선랜드묘목장을 만나며 선랜드바오밥을 볼 수 있다. 큰 바오밥 나무 옆에 둥그렇게 지어진 안내소 겸 개인주택이 있고, 화장실도 구비되어 있으며, 안내소 밖의 벽에 선랜드바오밥에 관한 설명과 신문기사 등을 스크랩하여 덕지덕지 붙여놓았다. 바오밥 나무 주변에는 쉴 수 있는 플라스틱 의자와 탁자들이 구비되어 있다. 이곳은 사유재산으로 개인이 돌보며 언제나 들를 수 있다는 장점이 있다. 방명록에 이름을 적고 1인당 입장료 20란드를 내면 바오밥 나무를 보는 것은 물론 편히 쉬어갈 수 있다. 이 바오밥 나무는 양쪽으로 뻗은 큰 두 개의 줄기로 구성되는데, 큰 줄기는 750±75년, 작은 줄기는 1,060±75년으로 탄소동위소법으로 연대가 추정되었다. 줄기는 지름 10.64m, 높이 19m, 수관둘레 30.2m이고, 큰 가지의 가운데는 비어 있고, 그 안으로 들어가면 과거에 농장주가 포도주 저장소로 이용하였던 흔적이 남아 있다. 포도주를 저장한 저장고와 포도주를 팔던 와인바의 책상 및 의자들이 지금도 비치되어 있어서 기념사진을 찍을 수 있으나, 지금은 관광객들에게 보여주기 위하여 남겨진 용도이고, 실제로 사용하지는 않는다. 이 나무는 지구상에 존재하는 두번째로 큰 바오밥 나무로 평가되며 남북 방향으로 줄기가 퍼졌고 동쪽과 서쪽에서 전체를 조망할 수 있다. 이 나무의 주변에는 이 나무의 종자에서 발아한 후손나무를 세 그루 더 볼 수 있다.

GPS 위치 S 23° 37' 16.47", E 30° 11' 53.66", 해발 723m (선랜드바오밥)

S 23° 39' 16.33", E 30° 10' 13.48", 해발 820m (선랜드묘목장 안내판이 있는 R36번 도로)

선랜드바오밥 내부로 들어가는 입구(남쪽)

과거에 와인바로 이용했던 선랜드바오밥의 내부

선랜드바오밥 01 서쪽에서 본 주 줄기 02 잎 앞면과 뒷면

∨ 그라베로떼바오밥 Gravelotte Baobab

남아프리카공화국 림포포주의 짜닌(Tzaneen)과 팔라보와(Phalaborwa) 도시 사이에 있는 그라베로떼(Gravelotte) 마을에서 가까운 곳에 위치하며 일명 자이언트바오밥(Giant Baobab)이라고도 부른다. 두 도시 사이를 연결하는 R71번 도로와 남쪽으로 달리는 R526번 도로가 그라베로떼 마을에서 만나고, 이 두 도로의 합류지점에서 짜닌 방향으로 100m 정도 이동하면 왼쪽에 'Giant Baobab 3.5km'와 'Leydsdrop 10km' 표지판이 나온다. 여기서 비포장도로로 좌회전하면 바로 철도길을 건너게 되고 비포장도로를 3.5km 정도 이동하면 오른쪽에 자이언트바오밥 입구 사인이 있다. 여기에 출입을 통제하는 철문이 있는데 이 문은 오전 7시에서 오후 5시에만 열기 때문에, 이 시간에만 이 바오밥 나무를 볼 수 있다(두번째 좌표). 여기서 150m 정도 들어가면 허술한 관리사무실이 있으며, 1인당 10란드씩 입장료를 내고 방명록을 기입한다. 이곳을 지키는 안내인이 있으며, 이 안내인은 시원한 음료를 아이스박스에 담아 판매하기도 한다. 그라베로떼바오밥은 흉고지름 7.04m, 흉고둘레 22.1m, 높이 22m, 수관지름 30.2m에 이른다. 입구 쪽에 길쭉하게 공간이 비어 있고 여기에 들어갈 수 있는 짧은 사다리가 있으며 이를 통해 바오밥 나무 안쪽 공간으로 들어갈 수 있는데 내부에 길이 1.1m, 폭 0.4m, 높이 4m 정도의 공간이 있다. 나무의 주 줄기는 한 개인데, 이곳에 올라갈 수 있도록 높이 7m 정도의 사다리가 뒤쪽에 설치되어 있어서 바오밥 나무에 올라가 나뭇가지, 잎 등을 가까이서 볼 수 있고 주변을 조망할 수 있다. 입구 쪽에서만 나무 전체를 사진에 담을 수 있고, 다른 각도에서는 다른 나무들 때문에 시야가 가려진다.

GPS좌표 S 23° 57' 04.58", E 30° 36' 26.48", 해발 554m
　　　　　　 S 23° 57' 26.59", E 30° 34' 31.18", 해발 585m (그라베로떼바오밥 입구의 철문)

남쪽 입구에서 본 그라베로떼바오밥의 전경

≫ 사고레바오밥 Sagole Baobab

남아프리카공화국 동북부 림포포주의 반다랜드 찌피세(Vandaland Tshipise) 근처의 사고레 지역에 위치한다. 사고레바오밥은 접근이 어려운 곳에 위치하므로 찾기가 쉽지 않다. 가장 가까운 도시는 짐바브웨 국경 가까이에 있는 남아프리카공화국의 동북부의 뮤시나(Musina)라는 작은 도시이다. 여기서 R508 도로를 남쪽으로 타고 38km 정도 가면 귤 농장이 잘 발달한 찌피세(Tshipise, 이 찌피세는 반다랜드 찌피세와는 다른 지명임)라는 마을에 이른다. 여기서 다시 크루거국립공원 파푸리게이트(Kruger National Park-Pafuri gate)로 가는 R525 도로를 타고 동쪽으로 30km 정도 가면 사고레스파(Sagole Spa)와 무쏘디(Muswodi)로 가는 비포장도로 갈림길을 만나게 된다. 이 갈림길에는 노상에서 과일 파는 허술한 천막이 하나 있고, 작은 표지판이 있으나 찌그러져 잘 보이지 않는다(두번째 좌표). 여기서 비포장도로로, 남쪽으로 11km 정도 이동하면 폴로보돼(Folovhodwe) 마을에 이르고 여기서 좌회하여 동쪽으로 27km 정도 이동하면(이 길은 R3675로 군데군데 포장이 되어 있음) 무쏘디 마을을 지나 사고레스파(Sagole Spa) 마을 4km 전(포장도로가 끝나는 지점)에서 빅트리(The Big Tree), 마체나(Matshena) 사인을 볼 수 있다. 이 갈림길에서 동으로는 마시시(Masisi), 서로는 무쏘디 방향의 도로 표지판이 있다. 이 지역에서는 당나귀를 주요 교통 및 운송수단으로 이용하므로 당나귀 수레를 흔하게 볼 수 있고, 마을의 길가에서 비교적 큰 바오밥 나무들을 흔하게 볼 수 있다. 여기서 포장길로 빅트리 및 마체나 방향으로 좌회전하여 3.2km 정도 북쪽으로 이동하면 찌고디니마디파(Zwigodini Madifa) 마을 왼쪽에 빅트리 입구를 보게 된다. 이 바오밥 나무는 사고레 지역에 위치하므로 사고레바오밥이라고 부른다. 입구에는 작은 관리사무소가 있고 문이 잠겨 있으므로 항상 접근이 허용되지는 않는다. 주로 오전 9시에서 오후 5시 사이에 관리인이 근무하며, 1인당 21란드의 입장료를 받고 방명록 작성 후 문을 열어준다(세번째 좌표). 이 입구와 사고레바오밥 근처에 각각 한 그루씩 비교적 큰 사고레바오밥 후손이 자라고 있다. 입구에서 200m 정도 안으로 들어가면 사고레바오밥을 만날 수 있다. 사고레바오밥은 지름 10.47m, 높이 22m, 수관 지름 38.2m로 글렌코바오밥 다음으로 큰 나무로 기록되어 있으나, 글렌코바오밥이 몇 년 전 쓰러져 현재 서 있는 바오밥 나무로는 수관지름 기준으로 세계에서 가장 크다고 평가된다. 아프리카 맹금류의 하나인 Mottled Spinetails(Telacanthura ussheri) 집단이 나무 위에 살고 있다. 안내인에 따르면 이 나무의 수령이 3,000년 이상이라 하지만 실제 수령은 1,000년 정도로 추정된다. 이 나무는 서남쪽에서 보면 전체를 조망할 수 있고, 서쪽으로 뻗은 가지가 수평으로 지표면과 가까워 사람들이 올라가기도 한다. 북동쪽으로 큰 가지 사이에 큰 구멍이 있고 안으로 들어가면 큰 공간이 있으며, 박쥐와 벌들이 서식하는 것을 볼 수 있다. 필자가 방문했을 때는 우기라 썩은 냄새가 나고 벌들이 윙윙거리는 소리를 들을 수 있었다. 이 나무의 뿌리는 지표면을 따라 3~4km 정도 뻗어 있다고 한다. 또한 수피 표면이 여러 가지 모양을 이루어서 각각 사물의 이름을 붙여 부르기도 한다.

GPS좌표 S 22° 29' 56.98", E 30° 38' 09.96", 해발 505m (사고레바오밥)
S 22° 31' 46.64", E 30° 23' 38.59", 해발 507m (사고레바오밥 후손 나무)
S 22° 29' 59.02", E 30° 37' 57.10", 해발 478m (사고레바오밥 정문)

사고레바오밥 01 잎 02 내부에서 올려다본 모습 03 내부에 사는 벌떼

서쪽에서 본 사고레바오밥 전경

사고레바오밥 줄기 아랫부분

∨ 글렌코바오밥 Glencoe Baobab

남아프리카공화국 동북부 림포포주 동쪽의 크루거국립공원 지역 중심부에 위치한 호스프루잇(Hoedspruit)에서 서쪽으로 10km 떨어진 글렌코 농장(Glencoe farm)에 위치한다. 주변의 비교적 큰 도시로는 크루거국립공원 관광의 중심이 되는 팔라보와(Phalaborwa)라는 도시가 있다. 호스프루잇에서 R527 도로를 타고 서쪽으로 8km 정도 가면 길 오른쪽에 자이언트바오밥(Giant Baobab) 표시판이 나온다. 여기서 우회하여 북쪽 비포장길로 1km 정도 이동하면 다시 왼쪽의 붉은 벽돌벽에 푸른 바탕의 'Hoedspruit Giant Baobab, Upside Down Restaurant'라는 표지판과 글렌코바오밥 그림이 있다(두번째 좌표). 여기서 농로로 500m 정도 들어가면 글렌코 농장이 나오고 목초지에 쓰러진 채로 생존하는 글렌코바오밥과 앞쪽에 후손나무인 비교적 오래된 지름 2m 정도의 큰 바오밥 나무 한 그루를 볼 수 있다. 이 바오밥 나무는 사유재산이고, 글렌코 농장은 입장료는 받지 않으며, 대신 레스토랑을 운영하면서 식사, 간단한 다과, 기념품, 아이스크림 등을 판매한다. 이 나무는 2009년 쓰러지기 전에는 지구상에 생존하는 바오밥 나무 중 가장 큰 나무로 기록되었다. 당시 이 나무는 흉고지름 15.9m, 흉고둘레 47m, 높이 17m, 수관둘레 37.5m에 달했다. 가운데가 비어 있던 관계로 이 나무는 2009년 두 번의 쪼개지기 현상에 의하여 5개의 주요 부위로 나뉘고 사방으로 갈라지면서 그대로 주 줄기들이 땅으로 주저앉았다. 그러나 5개 주 가지 중 한 개의 주 가지만 죽었고 나머지는 땅에 주저앉은 채로 살아가고 있으며, 비교적 건강하여 매년 새로운 작은 가지들이 발달하고 있다. 주 줄기의 벌어진 틈새에서 채취한 조각들로부터 연대측정이 진행되었다. 탄소동위원소를 이용하여 비교적 정확하게 연대측정을 진행한 결과, 가장 오래된 부위가 1,835±40년으로 보고되어 연대가 측정된 가장 오래된 피자식물로 알려졌다. 글렌코바오밥은 쓰러졌지만 비교적 건강하게 살고 있으며 20~30년 내에 대부분의 조직이 재생될 것으로 추측된다. 이 마을에서는 이 나무의 후손으로 보이는 여러 가지로 나뉜 비교적 큰 나무가 가까운 거리에 생장하고 있다.

GPS좌표   S 24° 22' 24.23", E 30° 51' 26.50", 해발 468m
S 24° 22' 36.85", E 30° 51' 42.09", 해발 478m (글렌코바오밥 마을 입구)

북쪽 사면에서 본 쓰러진 글렌코바오밥

글렌코바오밥　01 새로 자란 줄기 부분(동사면)
02 내려앉은 주 줄기(남사면)
03 주 줄기의 찢어진 부분(남사면)
04 새로 자란 가지에서 발달한 잎(서사면)
05 썩은 줄기와 새로 자란 가지 및 잎(북사면)
06 마을 입구에 있는 후손 나무

세계의 바오밥

바닷가 서쪽에서 본 마하쟝가바오밥 전경

마하쟝가바오밥 01 잎 02 꽃 03 열매

옴바란투바오밥 Ombalantu Baobab

나미비아 북쪽 앙골라 국경에 가까운 오샤카티(Oshakati)에서 90km 떨어진 우타피(Outapi, Uutapi) 마을에 위치한다. 가운데 빈 장소는 한때 우체국, 교회당, 전쟁 시 피난처 등으로 활용되었다고 한다. 필자는 아직 이 나무를 직접 찾아가 보지 못하였다.

화장실나무 Toilet Tree

나미비아 북동쪽 카티마 물릴로(Katima Mulilo)에 있는 나무로 이 지역에 파견된 군부대가 나무의 안쪽 빈 공간에 화장실을 설치하여 이용하였고, 지금도 이 변기가 남아있어서 화장실나무로 잘 알려져 있다. 필자는 아직 이 나무를 직접 찾아가 보지 못하였다.

≪ 마하장가바오밥 Baobab in Mahajanga

마다가스카르 북서쪽에 위치한 항구도시인 마하장가(Mahajanga) 바닷가에 위치한다. 수령은 300년 정도로 추정되고, 흉고지름 21.70m, 높이 22m에 이르는 큰 나무이다. 이 바오밥 나무는 마다가스카르에서 가장 큰(흉고지름 기준) 나무로 자생의 마다가스카르 바오밥 종들과는 수형이 달라서 쉽게 구분된다. 마하장가 바닷가 공원에 위치하고, 도심에 위치한 관계로 많은 사람들이 찾는다. 마하장가 시내에는 이 나무 외에 바오밥이 여러 그루 더 있는데 대부분 이 나무의 후손일 것으로 생각된다. 바오밥이 자라게 된 이유는 이곳의 선조들이 아프리카에서 마다가스카르로 이동하면서 종자를 가져와 심었을 것으로 짐작된다. 그러나 일부 학자들은, 해류에 의하여 열매가 아프리카 본토에서 모잠비크 해협을 이동하여 이곳에 다다라 자연적으로 생육했을 가능성도 제기하고 있다.

GPS좌표 S 15° 43' 21.84", E 46° 18' 30.90", 해발 4m

마하장가바오밥 04 주 줄기 윗부분 05 줄기에 새겨진 여러 사람들의 이름

⌄ 뮤시나 바오밥보존지구 Musina Nature Reserve-Baobab Tree Reserve

남아프리카공화국 림포포주 H1 국도를 타고 북으로 이동하면 짐바브웨 국경 바로 전에 뮤시나(Musina)라는 작은 도시에 이른다. 이 도시는 국경에 가깝지만 약간 고지대로 기후가 온화하여 일찍이 백인들이 많이 정착하여 살았으며, 비교적 잘 정돈된 도시이다. 이 도시에서 H1 도로 및 R508 도로를 타고 남쪽으로 5~10km를 이동하면 두 도로 사이에 광범위한 뮤시나 바오밥보존지구가 펼쳐진다. 보존지구의 입구는 H1 도로를 이용하여 쉽게 접근이 가능하나, 입구에 철문이 있어서 오전 9시에서 오후 5시에만 입장이 가능하다. 그러나 두 도로 사이의 넓은 지역이 모두 보존지구이고 꼭 입구를 통하지 않아도 도로상에서 연령, 수령, 크기, 수형 등이 매우 다양한 수백 그루의 바오밥 나무를 만날 수 있는 즐거움이 있다.

GPS좌표　S 22° 22' 41.05", E 30° 04' 00.07", 해발 501m (뮤시나 바오밥보존지구 길가)

뮤시나 바오밥보존지구 길가에서 볼 수 있는 다양한 수형의 바오밥 나무들

∨ 무쏘디 바오밥마을 Muswodi Baobab Town

무쏘디는 남아프리카공화국 림포포주 북동쪽에 위치한 작은 마을이다. 앞에서 언급한 사고레바오밥 가는 길에 있다. 이 마을 근처에는 크고 작은 수백 그루의 바오밥이 자라고 있다. 수세도 좋아서 대부분 꽃이 피고 열매가 많이 달리며 수형도 다양하다. 바오밥 나무가 이 마을에서 가장 흔하고 눈에 띄는 식물이므로 마을 주민과 가축들이 뜨거운 태양을 피하여 바오밥 그늘을 휴식터로 이용한다. 이 지역은 가축으로 주로 당나귀, 염소 등을 키우며 바오밥 나무 잎을 가축의 먹이로도 이용한다. 그러나 지역 주민들에게 물으니 아프리카의 다른 지역 주민들과는 달리 바오밥 열매를 식용으로 널리 이용하지는 않는다고 한다.

GPS좌표   S 22° 34′ 31.91″, E 30° 30′ 29.57″, 해발 540m (무쏘디 마을의 한 바오밥 나무)

무쏘디 마을 인근에 생육하는 다양한 수형의 바오밥 나무들

마시시 바오밥 언덕에 분포하는 바오밥 나무들

⋏ 마시시 바오밥 언덕 Masisi Baobab Hill

남아프리카공화국 림포포주와 짐바브웨, 모잠비크 3개국 국경이 만나는 곳에 크루거국립공원(Kruger National Park)
이 있으며, 북쪽에서 접근하는 파푸리 출입문(Pafuri gate)이 있다. 이 지역의 마시시(Masisi), 무탈레(Mutale), 무시테
(Mushithe) 마을에 광범위하게 바오밥 나무들이 자라고 있다. 특히 무시테 마을 앞산 언덕은 여러 그루의 바오밥 나무
들이 자라며 경관도 아름답다. 이들 지역의 토양은 황갈색의 사질토이고 원래의 자생 지역으로 생각되는데 인가 근처
에 자생지가 남아 있다는 것은 흥미롭다. 이들 바오밥 나무들을 보면 수형이 너무나 다양하여 각기 다른 모습을 한 사
람들을 만나는 듯한 느낌을 받는다.

GPS좌표   S 22° 28' 16.98", E 30° 52' 13.64", 해발 540m (마시시 바오밥 언덕에서 가까운 길가)

마시시 마을 인근에서 자라는 다양한 수형의 바오밥 나무들

⩔ **크루거국립공원의 바오밥 나무들** Baobab Trees in Kruger National Park

크루거국립공원은 남아프리카공화국 림포포주와 음푸말란가(Mpumalanga)주, 인접 국가인 모잠비크에 이르는 자연 보존지역이다. 남아프리카공화국에 속하는 지역만 보면 남북으로 400km 거리에 이르는 길게 보존된 곳이다. 면적은 200만 ha에 이르며, 우리나라 전체 국토의 1/5에 해당하는 광대한 면적이다. 아프리카의 케냐-탄자니아의 세렝게티에 버금가는 최대 야생동물 보호구역으로 코끼리, 사자, 코뿔소, 기린, 임팔라, 버팔로, 하마 등 수많은 야생동물을 볼 수 있는 보존지구이다. 크루거국립공원 내에서 바오밥 나무는 자생 및 반 야생 상태로 북쪽 출입문인 파푸리게이트 쪽에 주로 분포한다. 이 북쪽 출입문 부근부터 공원 내 북쪽 지역에 많은 수의 바오밥이 분포하며 남쪽으로 이동하면서 점점 그 수가 준다. 초지가 발달한 지역에서는 볼 수 없고, 모파니캠프(Mopani Camp)에 비교적 오래된 바오밥 나무가 한 그루 있고(모파니캠프 사무실과 주유소 앞부분), 이 캠프의 관리자 숙소에도 큰 바오밥 나무 네 그루가 있다. 모파니캠프 남쪽으로는 바오밥 나무를 볼 수 없으며, 그보다 훨씬 남쪽인 크루거국립공원의 중앙부에 해당하는 사타라 캠프(Satara Camp) 지역 20km 남쪽에 분포하는 큰 바오밥 나무가 바오밥의 분포 남한계선으로 알려져 있다. 이 나무를 보기 위해서는 작은 강을 건너야 하며, 우기에는 접근이 불가능하고 건기에만 접근할 수 있다.

크루거국립공원 북쪽 파푸리게이트 인근에서 볼 수 있는 다양한 수형의 바오밥 나무들

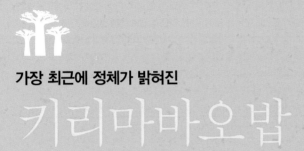

가장 최근에 정체가 밝혀진

키리마바오밥

키리마바오밥은 2012년에야 학계에 알려진 아프리카 바오밥의 한 종이다. 주로

남아프리카공화국 동북부, 보츠와나, 짐바브웨에서 북으로 케냐 킬리만자로산에

이르는 1,500m 이상의 고산지대에서 볼 수 있다. 반대로 바오밥(아프리카 바오

밥)은 평지나 1,500m 이내의 저지대에서 만날 수 있다. 또한 바오밥은 염색체가 4

배체인데 비하여, 키리마바오밥은 2배체이고, 줄기, 잎, 꽃 등이 전반적으로 바오

밥에 비하여 작다. 특히 바오밥의 꽃은 꽃받침과 꽃잎이 뒤로 완전히 젖혀지는데

비하여, 키리마바오밥은 꽃받침과 꽃잎이 뒤로 젖혀지지 않거나 약간 젖혀진다.

남아프리카공화국 림포포주 키리마바오밥 언덕에 자생하는 키리마바오밥

키리마바오밥 기준표본이 채집된 나무

키리마바오밥

【학명】

Adansonia kilima Pettigrew et al., (=Pettigrew, Bell, Bhagwandin, Grinan, Jillani, Meyer, Wabuyele & Vickers,)
(2012) Taxon 61: 1240-1250.

2012년에 학계에 보고된 바오밥으로, 남아프리카공화국 림포포주 북쪽 끝에 위치한 치쿠위(Tshkuwi)와 치투니
(Tshituni) 사이의 남쪽 길가, N1 도로에서 16km 동쪽에서 채집된 표본을 정기준표본으로 기재된 종이다. 이 종을
기재한 Pettigrew(2012) 등은 원문에서 채집 지역의 GPS좌표를 남위 26.18004도, 동경 28.0091도로 밝히고 있으나,
이 좌표는 실제 이 지역과는 수백 km 떨어진 전혀 다른 지역이다. 따라서 필자는 원 명명자들의 오류로 생각한다.
필자가 이 지역을 직접 방문하여 확인한 좌표는 남위 22.90도, 동경 29.99도에 해당하는 곳이었다.

*키리마바오밥은 바오밥 종류 중에서 가장 최근(2012년)에 학계에 보고된 종으로 남동아프리카에 제한적으로
자생한다. 바오밥(*A. digitata*)으로 생각하였다가 최근에 분리한 종으로 종소명 키리마(*kilima*)는 남동아프리카
스와힐리어(케냐, 탄자니아, 우간다, 르완다, 모잠비크 등의 토속 언어로 이 지역에 사는 5백만 명 정도가 이용하는
모어)의 언덕(hill)이라는 뜻에서 유래하였다.

● 키리마바오밥 서식지

아프리카

케냐

탄자니아

잠비아　　모잠비크

짐바브웨

나미비아　보츠와나　　　　마다가스카르

남아프리카공화국

분 포

아프리카 대륙 탄자니아 킬리만자로 산맥의 동쪽 사면에서 남쪽으로 남아프리카공
화국 동북부의 림포포 등에 이르는 남동아프리카 지역, 서쪽으로는 동북쪽에 분포
한다. 남동아프리카 지역에서는 바오밥(아프리카 바오밥)과 분포지가 서로 겹치지만
바오밥은 주로 저지대에 분포하는 반면, 키리마바오밥은 해발 650~1,500m에 이르
는 산간 지역에 주로 분포한다. 바오밥의 또 다른 분포지인 나미비아에서 세네갈에
이르는 대서양쪽 해안 지역, 그리고 동북아프리카에는 키리마바오밥이 분포하지 않
는다.

줄기

높이 20m, 지름 3m에 이르는 낙엽활엽교목으로 줄기는 주로 하나의 원통형이며, 넓게 발달하는 수관을 형성한다. 줄기는 불균등하게 나뉘며, 수피는 암회색-회색을 띠고 표면은 평활하거나 불규칙한 물결 모양의 무늬를 갖기도 한다.

잎

5~7개(드물게 9개)의 작은잎으로 구성되는데 각 작은잎은 짧은 잎자루가 있거나 없고, 크기는 다양하다. 중앙의 작은잎은 길이 3~10cm, 폭 1.5~5cm 정도로 타원형-도란형이며, 끝은 점첨두, 기저부는 유저, 가장자리는 전연이며, 털이 없다. 잎 표면의 기공은 크기 $26 \pm 5.7 \mu m$ 정도이고, 아래쪽에서 밀도는 $100 \mu m^2$당 5개 정도이다.

꽃

꽃봉오리는 구형으로 하나씩 발달하며, 꽃자루는 길이 4~10cm로 밑으로 늘어진

줄기와 뿌리

다. 꽃은 우기 말에 피는데 개화기간 중 꽃잎이 뒤로 젖혀지지 않는다. 꽃받침은 5개로 각 열편은 삼각형이며 길이 3~5cm, 폭 2~3cm 정도의 크기이고, 약간 뒤로 젖혀지며, 바깥쪽은 녹색으로 털이 밀생하고, 안쪽은 크림색으로 견모가 밀생한다. 꽃받침은 아랫부분이 둥근 판 모양으로 유합되었고 지름은 4cm 정도이다. 꽃잎은 흰색으로 5장이며, 꽃봉오리에서는 접혀 있다. 각 꽃잎 열편은 넓은 도란형으로 길이 2.5cm, 폭 2.5cm 정도로 수술보다 짧고, 뒤로 젖혀지지 않는다. 5장의 꽃잎은 아랫부분이 수술통과 유합되었다. 수술은 흰색으로 수술통은 길이 1.2~2cm로 위쪽의 폭이 좁고 아래쪽이 약간 넓으며, 위쪽에 이생하는 수술은 270~640개이다. 이생하는 수술 부위의 길이는 수술통의 길이와 비슷하다. 자방은 원통형이고, 암술대는 흰색으로 중상부에서 약간 오른쪽으로 굽거나 드물게는 곧추선다. 자방과 연결되는 암술대 아래쪽 부분에 긴 털이 밀생하지만 위쪽은 무모이다. 열매 발달 과정에 암술대와 꽃받침은 숙존한다. 꽃가루는 원형으로 표면에 크기가 다른 가시돌기들이 있으며 (142~158개/1000μm^2), 크기는 지름 44μm 정도이다.

사진제공: Dr. Jack Pettigrew

01 줄기의 피목 02 잎 03 꽃 04 잎 앞면과 뒷면

열매

원형-원통형으로 다양하며 길이 4~20cm, 폭 4~10cm 정도이다. 열매껍질은 겉이 갈색 털로 덮여 있고, 목질성으로 두께는 0.5~0.8cm로 단단하다. 열매를 쪼개면 길게 발달한 섬유질 사이에 흰색-크림색 종의층이 종자를 싸고 있다. 종자는 신장형으로 옆으로 납작하고, 길이 1~1.3cm, 폭 0.8~1cm, 깊이 0.6~0.7cm 정도의 크기이다. 종자가 발아할 경우 두 장의 큰 떡잎이 지상부에 발달한다.

염색체

키리마바오밥은 염색체가 2배체 식물(88개)로 4배체 식물인 바오밥(176개로 추정)에 비하여 꽃, 열매, 식물체가 비교적 작다. 그러므로 이용적인 측면에서 가치가 떨어지기 때문에 사람들이 심지 않는 것으로 보인다. 따라서 인공적으로 심은 바오밥은 대부분 바오밥(아프리카 바오밥)으로 보인다. 즉, 2배체 키리마바오밥은 4배체 식물인 바오밥의 기원을 이해하는 데 있어 식물학적인 관점에서 조상 종에 해당한다. 그러나 바오밥이 키리마바오밥에서 한 번 기원하였는지 또는 독립적으로 여러 번 기원하였는지는 아직 입증되지 않았다.

바오밥과 차이점

키리마바오밥은 바오밥(아프리카 바오밥)과 유사하나 바오밥에 비하여 꽃의 크기가 반 정도로 작고, 꽃잎이 수술보다 짧으며 꽃잎이 뒤로 젖혀지지 않는다(바오밥

01-02 열매

의 경우 꽃잎이 수술보다 길고, 꽃잎이 뒤로 젖혀짐). 꽃가루의 크기도 바오밥보다 작고 (44μm 대 63μm) 꽃가루 표면돌기의 밀도는 높으며, 수술 수는 270~640개(바오밥은 700~1,600개)이고, 염색체가 2배체로 88개(바오밥은 4배체로 키리마바오밥의 2배), 잎이 작고, 기공의 크기도 작으나 그 밀도는 높다. 그러나 필자가 원 기재 지역을 찾아가 확인한 결과 육안으로 본 형태형질만으로는 구별이 쉽지 않았다.

바오밥과 키리마바오밥의 구별법

키리마바오밥과 바오밥을 구별하는 주요 특징은 꽃의 형질, 염색체의 수, 기공의 크기, 꽃가루의 크기 등과 같은 제한적이거나 현미경적 특징이 대부분이므로 일반인들이 꽃이 없는 식물체를 보고 구별하기는 매우 어렵다. 특히, 바오밥류의 경우 꽃 피는 시기가 짧고 강수 패턴에 따라 꽃 피는 시기가 불규칙하므로 두 종의 꽃을 자연 상태에서 비교하여 관찰한다는 것은 전문가도 접하기 어려운 상태이다. 따라서 일반인들이 꽃을 직접 비교하여 두 종을 구별하거나 현미경을 이용하여 염색체를 관찰하는 것도 기대하기 힘들다. 그러나 키리마바오밥의 경우 분포 지역이 제한적이고 고산 지역이며, 재배하는 개체가 거의 없으므로, 아프리카에서 흔히 볼 수 있는 바오밥 나무는 바오밥(아프리카 바오밥)이라고 생각하면 무리가 없다. 남아프리카공화국 림포포 지역, 보츠와나, 짐바브웨, 모잠비크, 잠비아, 탄자니아 등의 고지대(650m 이상)를 여행하면서 왜소한 바오밥 나무를 보았다면 키리마바오밥을 의심해볼 만하다.

∨ 원 기재지의 키리마바오밥 (Type tree of Kilima Baobab)

키리마바오밥은 2012년에 「Taxon」이라는 잡지에 신종으로 기재된 종으로 정기준표본(Holotype)이 채집된 지역(GPS 좌표는 오류)이 비교적 상세히 밝혀져 있다. 따라서 필자는 이를 근거로 정기준표본이 채집된 남아프리카공화국 림 포포주 소우트판스버그(Soutpansberg)산맥 지역을 중심으로 키리마바오밥을 찾아 나섰다. 루이스 트리차드(Louis Trichardt, 옛 지명은 마카도)에서 H1 도로를 타고 북쪽 뮤시나(Musina)를 향하는 길은 우리나라 옛적에 강원도 대관 령을 넘어가는 길과 같이 꾸불꾸불하였다. 정상 부위를 넘어서 한참을 내려가다가 헨드릭 레드우드 터널(Hendrick Redwood Tunnel)이라는 두 개의 터널을 만난다. 두 터널 사이에 이 터널을 건설할 때 세운 기념비가 있으며, 이곳에서 는 계곡의 조망이 시원스럽고 쉬어갈 수 있다. 두번째 터널을 통과하여 북쪽으로 가다 보면 오른쪽으로 R523 도로와 만나는 지점이 나온다. 이곳에서 우회전하여 동쪽으로 이동하면 치쿠위(Tshikuwi), 치쿠위보건소(Tshikuwi Clinic), 찌로 위(Tsilowi), 루바라니(Luvhalani) 마을들이 나타나고 언덕을 넘어 내리막길을 지나 미티티티(Mitititi) 마을을 차례로 통과 하게 된다. H1 도로와 R523 도로가 갈리는 지점으로부터 동쪽 10km 정도 지점, 또는 치쿠위 및 치쿠위보건소 입구에 서 4km 동쪽 지점, 또는 찌로위 및 루바라니 마을에서 동쪽으로 3km 지점, 또는 미티티티 마을 1km 이전 지점에 도 로 오른쪽(남쪽) 길가에서 가장 크고 고풍스런 바오밥 나무를 한 그루 볼 수 있다. 이 나무로부터 길 건너 맞은편 10시 방향, 30m 지점에 어린이집(Day Care)이 있어서 이 나무의 위치를 쉽게 기억할 수 있다. 이 나무는 주변이 암석지대인 관계로 뿌리가 지표면으로 노출되었고, 길 쪽으로 발달한 뿌리는 위로 튀어나왔다가 다시 땅속으로 들어갔다. 줄기는 하나로 위쪽이 좁은 원추형을 이루며 껍질은 매끄럽고 수세가 좋아 열매가 한창 성장하고 있었다. 흉고둘레 3.8m, 높 이 12m 정도, 수관지름 16m 정도에 이른다. 여러 기재적인 특징으로 보아 키리마바오밥인 것이 확실하다. 이 지역은 해발고도가 850m 정도에 이르는 지역으로, 이 나무가 기준표본이 채집된 공시목이다.

GPS좌표 S 22° 54' 06.10", E 29° 59' 46.24", 해발 84m

미티티티 마을 R523 도로 상에 자생하는 키리마바오밥 고목

키리마바오밥이 집단으로 자생하는 남아프리카공화국 림포포주 찌로위 마을 부근의 언덕

⋏ 키리마바오밥 언덕

앞에서 언급한 길가의 키리마바오밥 공시목과 찌로위 마을 사이의 남쪽 사면 산 언덕에서 수백 그루의 자생 키리마바오밥을 볼 수 있다. 이 산은 950m 정도에 달하는 지역으로 필자가 보기에는 키리마바오밥이 군락으로 생육하는 보기 드문 지역이다. 몇몇 자생 개체들을 살펴본 결과 열매, 잎, 줄기의 형질에서 상당한 변이를 보이며, 꽃의 형질을 관찰할 경우 변이의 범위가 보다 정량화될 수 있을 것이다. 필자는 꽃이 진 후 이 지역을 찾아 키리마바오밥이 바오밥과 잘 구별되는 좋은 종인지는 판단하기 어려웠으나 키리마바오밥 자생군락지를 확인하였고, 상당 범위의 변이가 존재함을 인지할 수 있었다. 앞으로 집단유전학적인 관점에서 이 지역의 키리마바오밥에 대한 연구가 이루어져야 할 것이다.

GPS좌표 S 22° 54' 20.55", E 29° 59' 10.20", 해발 879m (키리마바오밥 언덕 입구의 길가)

마다가스카르의 상징

그랑디디에
바오밥

그랑디디에바오밥은 마다가스카르 서부 지역에 제한 분포하며, 대부분의 자연 서식지가 파괴되어 최근 국제멸종위기종(EN등급)으로 지정되어 있으나 무룬다바~안다바두아카 지역에서는 흔한 편이다. 이 종이 집중 분포하는 지역 중 하나인 무룬다바 인근의 바오밥거리는 천연기념물로 지정되어 있으며, 사진을 통해 세계적으로 가장 널리 알려진 바오밥 분포 지역이다. 이 종은 마다가스카르 화폐에도 인쇄되어 마다카스카르 경관을 대표하는 상징물 중의 하나이다. 그랑디디에바오밥은 마다가스카르 서부의 우기와 건기 및 모래토양에 잘 적응한 종으로, 줄기는 웅장하게 곧추서거나 뚱뚱하게 퍼지며, 가지는 줄기 끝에서만 나뉘어 작은 수관을 형성한다. 잎은 좁고 끝이 날카로운 편이며, 꽃은 흰색으로 5~7월에 주로 피고, 수술통이 짧은 특징을 보인다. 열매는 주로 타원형으로 마다가스카르 바오밥 종 중 가장 맛이 좋은 열매를 생산하므로, 지역 주민들이 가장 사랑하는 바오밥 종이다.

마다가스카르 서쪽 무룬다바 바오밥거리 인근의 습지에서 수련과 함께 자라는 그랑디디에바오밥

그랑디디에바오밥

【학명】

Adansonia grandidieri Baillon, (1893) Hist. Nat. P1. Plates 79 Bbis/2, 79E/1.

*종소명 그랑디디에리(*grandidieri*)는 프랑스 박물학자로 마다가스카르를 여러 차례 탐험하고 동식물을 수집한
알프레드 그랑디디에(Alfred Grandidier, 1836~1921)를 기리기 위한 것이다. 프랑스어 발음에 따라 우리말을
그랑디디에바오밥으로 명명하였다.

● 그랑디디에바오밥 서식지
● 주요지명

마하장가

마다가스카르

● 안타나나리보

● 무룬다바

무룸베

● 툴레아

툴레아주

분 포

마다가스카르 특산종으로 남서부의 툴레아주 무룬다바(Morondava)와 인근 지역에 분포한다. 무룬다바를 중심으로 북으로 벨루-술-찌리비히나(Belo sur Tsiribihina) 남쪽으로 안다바두아카(Andavadoaka)에 이르는 지역에 주로 분포한다. 서식지를 보면, 바닷가 염습지, 건천이나, 호소, 논과 같은 경작지 인근에 주로 분포하며, 주변의 건조낙엽수림 및 인가 근처에서 주로 발견된다.

01 어린 개체들의 줄기 02 성숙한 개체들의 줄기

03 줄기 표면의 벗겨지는 수피 04 나무 안쪽에 공간이 형성되고 구멍이 난 줄기 05 가는 가지의 껍질과 녹색 광합성 조직

주 로 볼 수 있는 지 역

무룬다바에서 바오밥거리(The Avenue of Baobabs)에 이르는 지역의 길가, 바오밥거리 지역, 바오밥거리에서 키린디국가숲(Kirindy National Forest)에 이르는 지역 및 무룬다바에서 남쪽으로 툴레아(Tulear)에 이르는 비포장길의 길가에서 흔히 볼 수 있다. 가장 쉽게 그랑디디에바오밥을 감상할 수 있는 지역은 바오밥거리이다. 그러나 이 지역을 조금만 벗어나도 주변에 루브로스티파바오밥(A. rubrostipa)과 자바오밥(A. za)이 동소적으로 같이 분포하므로 일반인들은 3종을 종종 혼동한다. 또한 이 지역에 사는 여행 안내인들도 식물전문가는 아니기 때문에 이 종들을 종종 혼동하여 안내하거나, 모두 다 하나의 바오밥으로 말하기도 한다. 이들 3종은 수형, 잎의 형태, 꽃의 형태, 열매의 모양 등으로 쉽게 구분되지만 잎, 꽃, 열매가 없는 시기에는 수형으로 구분해야 하는데, 수형으로 구분이 어려울 때가 종종 발생한다. 루브로스티파바오밥은 잎의 가장자리에 거치가 있으며 수형이 주로 병 모양이고 수피는 적갈색이 많다. 꽃은 노란색으로 잎이 있을 때 꽃이 피며, 열매는 원형에서 아원형으로 작은 편이다. 반면 그랑디디에바오밥은 잎은 가장자리에 거치가 없고, 수형이 원통형이며, 수피가 회색-적갈색이고, 꽃은 흰색으로 잎이 없을 때 피고, 열매가 아원형-넓은타원형으로 큰 편이다. 자바오밥은 그랑디디에바오밥과 종종 혼동되나, 줄기가 보다 길쭉하고 수피가 회색이며, 잎에 털이 없으며, 꽃이 노란색이고 수술통이 길며(그랑디디에바오밥은 수술통이 짧음), 열매가 원통형으로 구분된다. 하지만 잎, 꽃, 열매가 없는 시기에는 구별이 쉽지 않다.

식 물 의 특 징

줄기

높이 25m, 지름 3m에 이르는 낙엽활엽교목으로 주로 1개의 원통형 줄기로 구성된다. 어린 나무는 줄기 아래쪽이 넓고 위쪽이 좁아지는 형태이나 나이가 들면서 원통형으로 발달한다. 1차 가지는 주 줄기 끝에서 규칙적으로 나누어져 수평으로 발달한 수관이 형성된다. 수피는 적색을 띤 회색이며 표면은 평활하다.

잎

주로 가지 끝에 어긋나게 달리는 장상복엽으로 작은잎의 수는 9~11장(드물게 5~6장)이 보통이고, 잎자루는 길이 5~13cm, 지름 1~3mm이고 털이 밀생한다. 턱잎은 일

01 잎 뒷면과 앞면 02 잎자루

찍 탈락한다. 작은잎은 길이 1~5mm 짧은 엽병에 달린다. 중간의 작은잎이 가장 크며 피침형-좁은타원형으로 길이는 6~12cm, 폭 1.3~3cm, 끝은 점첨두, 아래는 유저, 엽연은 전연이다. 잎은 약간 푸른빛 녹색이고, 별 모양의 속생하는 노란빛 털이 밀생한다.

꽃

잎이 없을 때(주로 5~7월) 개화하는데, 꽃봉오리는 줄기 끝에 하늘 방향으로 주로 1개(가끔 2개)가 직립하고 타원형이다. 꽃자루는 짧고 두꺼우며 길이 0.3~0.5cm, 지름 1cm이며, 환절을 사이에 두고 길이 0.5~0.6mm의 작은꽃자루와 바로 연결되며, 꽃자루와 작은꽃자루는 적갈색의 털이 밀생한다. 꽃받침은 (3)~5개로 나뉘고, 뒤로 젖혀지면서 꽃의 기저부에 두 번 정도 감기는데 각 열편은 길이 7.5~8.5cm, 폭 1.5~2cm이고, 바깥쪽에는 적갈색 털이 밀생하고, 안쪽은 크림색의 견모가 밀생한다. 꽃받침 아래는 꽃받침통이 컵 모양으로 형성되는데 깊이는 1cm 정도이다. 꽃잎과 수술의 유합 부위는 꽃받침통 안쪽에 부착된다. 꽃잎은 흰색이지만 개화 후 시간

03 적갈색 꽃봉오리 04 흰 꽃 05 오늘 핀 꽃(흰색)과 어제 핀 꽃(갈색) 06 수분매개자인 새와 곤충

01 열매 02 열매 과육

이 지나면서 노란색을 띠다가 갈색으로 변한다. 꽃잎은 좁은피침형-도피침형으로 꼬이는데, 길이가 폭의 5배 정도로 길며, 길이 9~10cm, 폭 1.7~2cm이다. 수술은 흰색이고 수술통은 길이 0.8~1cm로 짧고, 지름 1.4~1.6cm이다. 수술통 끝에 600~700개의 수술대가 이생하고 120도 정도 둥글게 퍼지는데, 길이는 각각 3.5~6.5cm이고 끝에 노란색의 꽃밥이 있다. 암술의 자방은 넓은원형-깔때기형으로 높이 1.1cm 정도이고, 위쪽으로 향하는 노란색–갈색 털이 밀생하고, 내부에 300여 개의 배주가 있다. 암술대는 흰색으로 직립하며(드물게 약간 굽기도 함), 중간 부위 수술보다 2~3cm 길어서 꽃 밖으로 도출되며, 자방과 연결되는 아래 부위는 견모가 밀생하고 윗부분은 털이 없으며, 꽃잎과 수술이 탈락한 후에도 자라는 열매에 오랫동안 숙존한다. 암술머리는 흰색 또는 약간 붉은빛을 띠며, 불규칙적으로 짧게 갈라진다.

열매

아원형-넓은타원형으로 길이 15~20cm, 폭 10~15cm, 꽃받침이 기부에 숙존하며 적갈색 털이 밀생한다. 열매껍질은 두께 2.5~4mm로 단단하지만 내리치면 쉽게 깨지며, 여러 개의 길게 발달한 섬유질이 성긴 그물 모양으로 발달하고 안쪽에 흰색-크림색의 종의층이 종자를 둘러싼다. 종자는 신장형으로 약간 납작하고 길이 1.2~1.4cm, 폭 1~1.2cm, 깊이 0.9~1cm이다. 발아 시 떡잎은 끝이 길어난 신장형으로 지름 1.5~3cm 정도이다.

개화와 결실

잎은 우기가 시작되는 10월부터 나오기 시작하여 건기가 시작되는 이듬해 5월까지 달린다. 꽃은 잎이 떨어진 후 5~8월에 개화하며, 열매는 11~12월에 성숙한다.

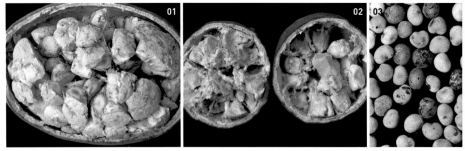

염색체

2배체로 염색체 수는 88개이다.

다른 종과 구별되는 특징

그랑디디에바오밥은 잎에 성상모가 밀생하여 멀리서 보면 잎이 푸른 녹색을 띠며, 꽃봉오리가 암갈색-적갈색인 것이 다른 종들과 쉽게 구별되는 특징이다. 지리적으로도 무룬다바 인근 지역으로 분포가 한정되어 있으므로 북쪽에 분포하는 근연종인 수아레즈바오밥과는 수형, 꽃피는 시기, 분포 지역으로 쉽게 구분된다.

이 용

지역 주민들은 그랑디디에바오밥을 레나라, 레니아라(숲의 모태라는 뜻)라 부른다. 줄기에 열매를 따러 올라가는 나무못이 박힌 나무들을 종종 볼 수 있다. 열매가 생산되는 철에는 무룬다바 길가나 가게에서 열매를 파는 것을 종종 볼 수 있고, 식당에서도 바오밥주스를 판매하는데 청량음료로 맛볼 수 있다. 종의층과 종자는 날것으로 먹거나 전분가루로 밀가루와 섞어 빵이나 과자를 만들기도 한다. 또한 종자에서는 기름을 추출하여 식용유로 사용하기도 한다. 그랑디디에바오밥 아래쪽은 껍질을 벗겨내고 아문 흔적들을 종종 볼 수 있다. 바오밥 나무들은 껍질을 360도 완전히 벗겨내면 죽지만 일부를 벗겨내면 재생하는 능력이 탁월하다. 사람들은 잘라낸 껍질에서 체관부 섬유를 분리하는데 판판한 종이조각 같다. 이를 이용하여 오랫동안 로프, 바구니, 광주리, 지붕 등의 재료로 이용하였으나, 현재는 기념공예품을 만드는 재료로 제한적으로 이용한다. 바오밥 나무에서 수거한 꿀도 제한적이긴 하지만 가게에서 유통된다. 크게 자라고 오래 사는 바오밥 나무들은 지역민들에게는 숭배의 대상이며 한해의 농사, 장수무강을 기원하는 장소로도 이용된다. 최근에는 바오밥 나무에서 분리한 성분을 포함한 보습제 등의 화장품도 유통되고 있다.

보 존

그랑디디에바오밥이 분포하는 지역은 과거에 건조산림을 이룬 곳이었으나 인간의 활동으로 대부분 파괴되었다. 바오밥 외의 나무들은 대부분 화목이나 다른 목적으로 제거되었으며, 목재로는 쓸데없고 섬유나 열매를 이용하는 바오밥 나무만 남아 있다. 따라서 민가 근처나 농경지 근처에서 그랑디디에바오밥 나무를 주로 볼 수 있다. 무룬다바에서 툴레아에 이르는 지역에서는 일부 개체들이 건조한 숲에서 발견되기도 한다. 이 지역의 과거 숲의 형태를 부분적으로 키린디국가숲(Kirindy National Forest)에서 볼 수 있다. 그러나 키린디국가숲 내에서는 그랑디디에바오밥은 볼 수 없고 주로 루브로스티파바오밥(드물게 자바오밥)을 볼 수 있다. 바오밥거리를 중심으로 한 지역은 민가 근처이긴 하지만 바오밥 나무들이 인간과 공존하는 모범 지역으로 잘 보존되고 있다. 바오밥을 심도 있게 연구했던 페리에는 1952년 이 종이 수년 뒤 곧 사라질 것으로 예견하였으나, 2013년 현재 이 종은 잘 보존되고 있으며 멸종의 위험도는 낮은 것으로 평가된다. 그러나 인간의 간섭을 적게 받는 분포지는 극히 일부만 남아 있고, 바오밥거리를 중심으로 한 주요 분포지에서 어린 유모는 거의 발견되지 않으며, 젊은 개체의 수도 비교적 제한적이다. 이는 사람에 의한 열매의 채취 및 제거가 원인일 것으로 추정된다. 그러나 성숙한 종자를 발아시킬 경우 비교적 발아율도 높고 잘 자라므로(필자의 실험 결과) 인공증식 프로그램에 의하여 새로운 개체를 증식하여 자생지에 이식시키는 프로그램이 진행되어야 한다.

01 시장에서 판매하는 성숙한 열매 02 줄기껍질이 벗겨진 뒤 아문 흔적

∨ 바오밥거리 The Avenue of Baobabs, Allée des Baobabs

무룬다바 해안에서 내륙 쪽(안치라배 쪽) 포장길로 10km 정도 이동하면, 벨루-술-찌리비히나로 가는 비포장 갈림길이 나온다. 이곳 갈림길에서 비포장도로를 따라 북으로, 벨루-술-찌리비히나 쪽으로 5km 이동하면, 바오밥거리가 있다. 아마도 이 지역은 마다가스카르에서 가장 많은 관광객들이 방문하는 곳이고, 전 세계의 사진작가들이 한 번은 들르는 장소이다. 특히 바오밥 나무를 배경으로 일몰과 일출을 촬영하는 장소로 유명하다. 우기(12~3월)가 되면 물이 고이는 얕은 호수가 길 동쪽에 형성되기도 하여 지역 어린이들의 수영장이 되고 반사되는 바오밥의 그림자가 사진작가들의 소재가 되기도 한다. 또한 이 호수에 많은 수련류(*Nymhaea nouchali*, 이명 *N. stellata*, 인도-동남아 원산)가 한꺼번에 꽃을 피워 아름다움을 연출하고, 물이 줄어들면서는 부레옥잠(*Eichornia crassipes*, 아존 원산)이 번성하여 꽃을 피운다 (물이 마르는 건기에도 일부 지역에 부레옥잠이 남아 있음). 이 지역에는 관광객들에게 돈을 달라고 하는 아이들이 많은데 불량한 아이들은 아니고 이전의 관광객들에게 그렇게 길들여져 있기 때문으로 생각된다. 따라서 대부분 거절의 말을 한두 마디 하면 더 이상 이야기하지 않는다. 그러나 어린이들을 소재로 사진을 찍을 때는 작지만 반드시 보상을 요구하니 작은 돈을 준비하여야 한다. 바오밥거리는 마다가스카르 지폐와 우표 등에도 등장하며, 마다가스카르 여행안내 책자나 웹페이지의 첫 장을 장식하는 사진들이 모두 이 지역에서 찍은 것들이다. 따라서 마다가스카르 정부와 민간단체에서 이 지역의 그랑디디에바오밥을 천연기념물로 지정하여 보호하고 있다. 바오밥거리라고 하여 붐비는 거리를 연상하면 안 된다. 농촌마을에 바오밥 나무들이 흩어져 있으며 길가에는 몇 가지 간단한 기념품을 판매하는 가판대가 있고, 가난한 농가들이 주변에 있는 정도이다. 주 도로를 따라서 250m 구간에 높이 25m에 달하는 25그루의 큰 바오밥 나무들이 있고, 주 도로를 중심으로 반경 500m 이내에 300년 정도의 수령으로 추정되는 그랑디디에바오밥들이 다수 자라고 있다. 주변은 초지식생으로 큰 나무는 대부분 제거되었고 바오밥 나무들만 남아 있다. 그랑디디에바오밥의 어떤 나무들은 체관섬유가 제거되고 다시 회복되어 상처가 남은 나무, 열매를 채취하기 위해 올라가는 나무못이 박힌 나무, 이름이나 상처가 남은 나무 등 다양한 사람들의 흔적이 남아 있어, 이들 바오밥 나무들이 지역 주민들의 삶과 긴밀한 관계를 맺어온 것을 볼 수 있다. 바오밥거리에는 작은 주차장이 입구에 있고, 마을 사람들이 기념품을 판매하는 가판대가 몇 개 있을 뿐, 안내소는 없고 입장료는 받지 않는다. 바오밥거리 반경 5km 지역의 경작지 및 민가에도 그랑디디에바오밥 나무들이 흩어져 분포한다. 이들 지역은 과거에 숲이었으나 모두 경작지로 전환되었고 일부 바오밥 나무들만 남아서 현재의 경관을 이루고 있다. 이 지역은 연간강수량이 800~1,000mm 정도 되지만 우기에 비가 집중하여 내리며, 도로는 비포장으로 곳곳에 물웅덩이가 깊이 형성되어, 우기에 가면 이동이 극히 제한적이다. 건기에는 주변의 여러 바오밥 자생지를 자유롭게 둘러 볼 수 있으나 잎이 없으므로 수형만 볼 수 있다.

GPS좌표 S 20° 15' 04.06", E 44° 25' 06.64", 해발 33m

그랑디디에바오밥이 그려진 마다가스카르 화폐의 뒷면

우기의 바오밥거리

건기의 바오밥거리

홀리 그랑디디에바오밥(왼쪽, 사진01)과 두번째로 큰 그랑디디에바오밥(가운데, 사진02)

건기(위)와 우기(아래)의 모습 비교 01 홀리 그랑디디에바오밥 02-04 마을의 그랑디디에바오밥

≪ 홀리 그랑디디에바오밥 Holly Grandidier Baobab

바오밥거리에서 비포장길을 따라 벨루-술-찌리비히나로 10km 더 이동하면(키린디국가숲 8km 이전) 수령이 오래된 바오밥 나무 여섯 그루가 있는 작은 마을이 나온다. 마을 초입(바오밥거리 쪽)에는 줄기가 붉은 두 그루의 루브로스티파바오밥이 서 있고, 마을 중심부에 네 그루의 그랑디디에바오밥이 흩어져 있다. 이 중 가장 큰 나무는 마을 맞은편 길 건너 숲에 있는데 길에서 15m 정도 떨어져 있다. 지역 주민들은 수령이 1,000년 정도 될 것으로 이야기하고 있으며, 학자들은 800년 정도 된 것으로 추정한다(정확한 과학적 연대 추정 자료는 없다). 이 나무가 무룬다바 지역에서 가장 오래된 그랑디디에바오밥으로, 홀리 그랑디디에바오밥(01)이라고 부르는 나무이다. 필자가 직접 측정한 흉고둘레는 12.8m, 높이 22m 정도였다. 입구에 간단한 기념품 가판대가 있고, 동네 아이들이 몰려와 관광객들에게 작은 돈이나 물품을 요구한다. 이 큰 나무는 흉고지름이 5m 정도에 이르지만 아직도 꽃이 피고 열매를 맺으며 매우 건강하다. 이 나무 주변에는 무화과속(Ficus)의 다른 나무들이 가까이 있어서 이 나무를 강조하여 사진을 찍기가 다소 어렵다. 이 고령목에서 길을 건너 마을 쪽에 있는 나무(02)가 두번째로 크며 흉고지름이 11.2m, 높이 27m 정도이고, 마을에 있는 또 다른 나무인 세 번째 나무(03)는 흉고둘레 7.3m, 높이 27m 정도이다. 길 건너편 숲 쪽(우기에는 호수가 형성되어 접근이 어려움)에 있는 나무(04)는 흉고둘레 6m, 높이 20m 정도이다. 이 나무들은 모두 수령이 500여 년은 될 것으로 추정된다. 마을에 있는 나무들은 땅에 가까운 부위에 여러 가지 낙서와 상처자국이 남아 있다.

GPS좌표   S 20° 04' 01.42", E 44° 35' 48.21", 해발 43m

⋀ 러브바오밥 지역의 그랑디디에바오밥 Grandidier Baobabs in Baobab Amoureux Area

바오밥거리 북쪽 끝부분에서 벨루-술-찌리비히나 쪽으로 2km 정도 더 가다 보면 서북쪽으로 비포장 갈림길이 있는 데 이 길을 따라 좌회전하여 7km 이동하면 두 개의 큰 가지가 서로 감고 올라가는 특이한 모양의 바오밥 나무를 만날 수 있다. 이 바오밥 나무는 바오밥거리의 그랑디디에바오밥과는 종이 다른 자바오밥(A. za)이다. 이 러브바오밥으로 가 는 길가 양옆으로 500여 년 정도로 추정되는 그랑디디에바오밥 나무 다섯 그루가 길가에 있다. 그 중 길에서 가까운 나무는 밑에서 어린 가지가 특이한 모양으로 자라 어미가 새끼를 품은 형상이다. 따라서 러브바오밥인 자바오밥과 그 랑디디에바오밥을 비교해 볼 수 있는 좋은 장소이다. 또한 러브바오밥 바로 오른쪽에는 루브로스티파바오밥이 한 그 루 서 있다. 주변에는 습지로 된 얕은 연못들이 있는데 우기에는 접근이 어렵고, 건기에는 쉽게 접근이 가능하다.

GPS좌표   S 20° 12' 31.36", E 44° 24' 13.87", 해발 43m (가지친 그랑디디에바오밥)

벨루-술-찌리비히나 갈림길 농경지에 비스듬하게 서 있는 세 그루의 그랑디디에바오밥. 가운데 나무 줄기에 나무못 흔적이 있다.

벨루-술-찌리비히나 갈림길 근처 농경지에 서 있는 그랑디디에바오밥. 황새들이 바오밥 나무 위에서 군생한다.

✖ 무룬다바 그랑디디에바오밥 Morondava Grandidier Baobabs

무룬다바(Morondava) 시내에서 말라임반디(Malaimbandy) 방향 내륙 쪽으로 14km 정도 포장도로로 이동하면 벨루-술-찌리비히나 가는 갈림길이 왼쪽에서 나뉜다. 이 길을 따라 10km를 비포장도로로 이동하면 바오밥거리에 이른다. 이 포장도로와 비포장도로 갈림길 삼거리에서 반대편을 보면 농경지에 서 있는 10여 그루의 큰 그랑디디에바오밥들을 볼 수 있다. 세 그루는 밭 가장자리에 가까이 모여 있고 다른 세 그루는 논둑에 있으며, 다른 개체들은 흩어져 있다. 우기에는 많은 흰 황새 종류가 바오밥 나무 위에 둥지를 튼다. 이들 나무에 접근하기 위해서는 몇몇 인가를 지나 밭둑 또는 논둑으로 이동하여야 한다. 밭 가장자리에 모여 있는 세 그루를 가까이 접근해 보면 과거에 사람이 올라가기 위하여 나무 사다리를 만들었던 상처가 아래에서 위로 규칙적으로 남아 있다. 그리고 가까이 보면 나무 아래쪽에 안을 볼 수 있는 큰 구멍이 있는데 사람이 들어갈 수 있는 비교적 큰 공간이 있다. 주변에 작은 후손 나무들도 보인다. 또한 여기서 포장도로를 타고 말라임반디(Malaimbandy) 방향 내륙 쪽으로 10km 더 이동하면 아나라이바(Analaiva) 마을 이전(Mahavo 23km, Malaimbandy 136km 표지석이 있는 지점, 두번째 좌표)에 길가 오른쪽으로 자바오밥, 가운데 그랑디디에바오밥, 왼쪽에 루브로스티파바오밥 3종이 같이 서 있는 곳이 나온다. 이 지역은 3종이 동소적으로 분포하는 대표적 지역일 뿐 아니라, 세 그루 모두 각 종의 특징을 대표하는 수형을 보여주므로(필자의 판단) 3종의 외부 형태를 비교하여 감상할 수 있는 매우 좋은 장소로 평가된다. 이 지역은 포장도로 길가여서 접근도 용이하므로, 마다가스카르 서부에 분포하는 바오밥 3종을 비교해 볼 수 있는 장소로 추천할 만하다.

GPS좌표　S 20° 17' 50.51", E 44° 24' 04.26", 해발 28m (삼거리 갈림길)
　　　　　　S 20° 19' 12.15", E 44° 27' 53.73", 해발 20m (3종의 바오밥 나무가 함께 나타나는 지점)

바오밥 3종이 동시에 분포하는 무룬다바 지역(왼쪽부터 루브로스티파바오밥, 그랑디디에바오밥, 자바오밥)

줄기가 정상적인 바오밥 나무와 혹이 많은 바오밥 나무

⋀ 안둠빌 지역의 바오밥 나무들 Baobab Trees in Andombiry

앞에서 소개한 마다가스카르에서 가장 큰 안둠빌 치타카쿠이케바오밥이 있는 작은 마을 안둠빌을 중심으로 반경 10km 이내에는 다양한 바오밥 나무들이 있다. 특히 바다에 가깝고 토양에 염분이 있어서 바오밥 나무들의 높이가 비교적 낮고 뚱뚱한 형태로 변형되었다. 여기서는 모양이 변형된 어린 개체와 큰 나무를 위주로 소개한다. 또한 수피에 혹이 많은 바오밥도 관찰된다. 그랑디디에바오밥은 고령화가 진행되면서 상처 입은 줄기 표피가 자라나 혹같이 되는 경우가 종종 발견되지만, 밀도는 낮은 편이다. 그러나 이곳에서는 정상적인 나무에 비하여 줄기 표면이 혹으로 가득한 것도 관찰되는데, 이는 사람, 동물, 곤충 등에 의하여 상처를 입은 후 캘러스(callus) 형태의 조직이 줄기 표피에 발달한 것으로 추론된다.

GPS좌표 S 21° 35' 11.54", E 43° 30' 38.56", 해발 9m
 S 21° 37' 18.07", E 43° 30' 50.67", 해발 17m

01 농경지에 가장자리에 남아 있는 그랑디디에바오밥 02 농경지에 남아 있는 그랑디디에바오밥

⋀ 농경지 바오밥 Farmland Baobabs

벨루-술-찌리비히나와 주요 포장도로의 갈림길에서 바오밥거리로 가는 길 10여 km 구간의 비포장도로 좌우에 발달된 농경지를 따라 그랑디디에바오밥을 만날 수 있다. 논둑, 밭 가장자리, 작은 연못 가장자리 등에서 다양한 수형의 그랑디디에바오밥을 볼 수 있는데 코코넛야자가 같이 나타나기도 한다. 이들 바오밥 나무는 이곳이 과거에 그랑디디에바오밥이 자랐던 숲이었고, 현재는 농경지로 개간된 곳임을 알려준다. 농경지에서는 우기에 벼를 주로 재배한다. 바오밥 나무들이 건기에는 볼품이 없으나, 우기가 되면 주변의 푸르름과 어울려 초록잎을 달고 자태를 뽐내므로, 이곳에서 그랑디디에바오밥을 감상하는 것은 매우 흥미롭다.

GPS좌표 S 20° 16' 34.44", E 44° 24' 15.42", 해발 25m

농경지 가장자리에 서 있는 그랑디디에바오밥. 코코넛야자와 개구리 잡는 소년들.
코코넛야자에 비해 그랑디디에바오밥이 훨씬 크다.

우기의 삼형제바오밥과 동네 사람들

⌃ **삼형제바오밥** Three Brother Baobabs

바오밥거리 2km 이전의 오른쪽 길가에 바오밥 세 그루가 아름다운 자태를 뽐내고 있다. 바오밥거리 가는 길에 누구나 쉽게 인지할 수 있는 나무여서 삼형제바오밥이라 이름 지었다.

GPS좌표 S 20° 15′ 18.54″, E 44° 24′ 41.44″, 해발 25m

우기 초기의 삼형제바오밥

⋁ 안둠빌 치타카쿠이케바오밥 Andombiry Tsitakakoike Baobab

무룸베(Morombe)에서 부분 포장도로를 타고 20km 정도 북쪽으로 이동하면, 비교적 큰 그랑디디에바오밥 여러 그루가 농촌의 길가에 보이는데(무룸베와 암바히키리 사이), 이 지역에서 좌회전하여 작은 비포장 길을 따라 바닷가 쪽으로 20km 더 이동하면서 이 지역의 바오밥 식생을 볼 수 있고, 최종적으로 바닷가에 가까운 안둠빌(Andombiry)이라는 작은 마을에 다다른다. 이 길은 건기에만 이동이 가능하며, 건기에도 날씨에 따라 도로 사정이 수시로 변할 수 있어 이동이 어려울 수 있다. 안둠빌 마을 입구에 비교적 큰 그랑디디에바오밥이 한 그루 서 있고, 이 마을에는 30여 가구, 200여 명이 거주한다. 치타카쿠이케는 이 마을 뒤편에 묵묵히 서 있는, 마을 사람들이 신성시하는 그랑디디에바오밥 나무로, 외부인이 이 나무를 방문하기 위해서는 이 마을 추장의 허락을 받아야 한다. 추장은 방문자가 가져온 술과 담배로 의식을 치른 후에야 출입이나 사진 촬영을 허락한다. 의식이 끝나면 마을의 남녀노소 모두가 모여 추장이 분배해준, 방문자가 가져온 사탕이나 과자를 나누어 먹는다. 따라서 사탕을 충분하게 준비해야 한다. 필자가 방문했을 때에는 이 마을에서 영어로 소통이 가능한 마을 초등학교 선생님이 이 나무를 신성시하는 이유, 이름의 유래, 의식, 마을 사람들과의 관계 등에 대하여 설명을 해주어 매우 도움이 되었다. 치타카쿠이케란 단어의 뜻은 나무의 크기가 너무 커서 한쪽에서 큰 소리로 불러도 다른 쪽에 있는 사람에게 들리지 않는다는 뜻이라고 한다. 소문 대로 필자가 직접 측정한 이 나무의 흉고지름은 9.4m(흉고둘레 30m 정도)로 필자가 확인한 마다가스카르의 바오밥 나무 중 가장 컸고, 높이는 비교적 낮은 15m, 수관지름 22m, 뿌리는 지표면을 따라 수백 m 발달했다. 수령은 측정 자료가 없으나 1,500년 이상으로 추정된다. 노령목이지만 아직도 수세가 좋아 꽃이 피고, 열매가 달리며, 주 줄기 표면에는 잔혹이 많고, 동쪽으로 뻗은 가지에는 지의류가 많이 달려 있다. 마을 사람들은 농사 시작 철에 이 나무 밑에서 풍년을 기원하는 제를 지내며, 마을에 우환이 있을 때, 멀리 떠날 때도 이 나무 밑에서 안녕을 기원한다고 한다. 이 나무는 그랑디디에바오밥 중 가장 오래된 것으로 추정되며, 이 지역 기후에 오랫동안 적응하여 생존한 개체로 우수한 유전자를 가지고 있을 것으로 보인다. 마을 입구에는 이 나무의 후손나무로 추정되는 비교적 큰 그랑디디에바오밥 나무가 한 그루 서 있어서 방문자를 환영한다.

GPS좌표 S 21° 33' 57.66", E 43° 30' 01.52", 해발 12m

치타카쿠이케바오밥 01 전경과 나무 서쪽 주변에 모인 마을 사람들
02 필자가 가져간 술로 방문 의식을 하는 추장
03 꽃과 가지에 달린 지의류
04 어린 열매
05 토양 표면을 따라 길게 뻗은 뿌리
06 안둠빌 마을 입구에 서 있는 후손나무

01 부시맨바오밥 전경. 창문이 있다. 02 부시맨바오밥 출입문

⌃ 부시맨바오밥 Bushman Baobab

무룸베에서 부분 포장도로를 타고 20km 정도 북쪽으로 이동하면, 비교적 큰 그랑디디에바오밥 여러 그루가 농촌의 길가에 보이는데(무룸베와 암바히키리 사이), 이 지역에서 좌회전하여 작은 비포장 길을 따라 바다 쪽으로 5km 더 이 동하면 두 갈래 갈림길이 나온다. 오른쪽 갈림길이 안둠빌로 가는 길이다. 이 갈림길 오른쪽에 부시맨이 살았던 그랑 디디에바오밥이 한 그루 서 있다. 이 바오밥 나무에는 최근까지 숲속에서 살아가는 부시맨이 기거했던 흔적이 남아 있 으나 현재는 거주하지 않는다. 이 바오밥 나무는 원통형으로 수관지름 4.2m, 주 줄기의 높이 8m, 전체 높이 16m이고 줄기에는 과거에 나무껍질을 벗겨 섬유를 채취한 흔적이 누더기처럼 남아 있다. 북동방향으로 높이 1m, 폭 0.5m 정 도의 문이 나 있고, 북쪽과 남쪽으로 지름 40cm 정도의 창문이 나 있다, 내부는 지름 3m 정도로 넓은 공간이 형성되 어 있다. 부시맨바오밥을 중심으로 반경 2km 이내에 여러 그루의 오래된 그랑디디에바오밥 나무들이 분포한다.

GPS좌표   S 21° 39' 17.47", E 43° 31' 14.08", 해발 26m
　　　　　　S 21° 38' 18.79", E 43° 31' 13.51", 해발 13m

⌄ 안다바두아카–페자 사이 영웅상 바오밥 군락지 Hero Baobabs between Andavadoaka and Feza

안다바두아카(Andavadoaka) 마을에서 북쪽 페자(Feza) 마을로 15km 정도 이동하다 보면 바닷가 길 쪽으로 주변을 압도하는 그랑디디에바오밥 군락지가 길게 펼쳐진다. 앞으로는 퉁퉁마디 군락지가 형성되어 있고, 뒤쪽 건조한 숲을 배경으로 여러 바오밥 나무들이 가지를 펼쳐 보이는 모습이 마치 영웅상처럼 모두 제각각의 형상들을 자랑한다. 퉁퉁마디 군락지는 이 지역이 바다에 가까우며 염도가 비교적 높은 지역임을 의미한다. 계절에 따라 퉁퉁마디는 연녹색에서 붉은색으로 변한다. 필자가 이 지역을 방문했을 때는 퉁퉁마디가 비교적 녹색을 띠었고, 비가 온 후여서 길이 매우 미끄러웠다. 이 지역 바오밥 나무들은 대극과 식물들과 섞여서 밑동을 가린 채로 줄기 윗부분만 드러내고 있으며, 염도가 높은 지역에 적응한 관계로 키가 작고 줄기는 붉은색이며, 큰 가지가 거의 없고, 잔가지가 바로 주 줄기에 달리는 형상이다(이 지역의 부시맨들이 바오밥 열매를 채취하기 위하여 큰 가지를 모두 잘라서 새로운 잔가지가 주 줄기에서 발달하여 모양이 변형된 것으로 추정). 그러나 100여 그루 이상에 달하는 이들 바오밥 나무들은 모양이 제 각각이고, 꿋꿋이 서 있는 모습들이 마치 우리 시대를 꿋꿋하게 살아가는 영웅들의 자화상처럼 다가왔다. 또 마치 전쟁터에서 선봉장으로 앞서 달리는 장군들의 모습을 연상시키기도 하였다. 이 바오밥 군락의 전체적인 느낌은 무룬다바의 바오밥 거리보다 더 강렬하지만, 이 지역이 건기에만 방문할 수 있고 교통이 좋지 않아 소수의 사람들만 볼 수 있다는 것이 무척 아쉽다. 이 지역은 특히 오전 일찍 방문하는 것이 햇볕을 잘 받아 감상하기 안성맞춤이며, 오후에는 역광이어서 좋은 풍경을 느끼기 어렵다.

GPS좌표 S 22° 03' 02.69", E 43° 17' 18.91", 해발 6m

동쪽에서 바라본 영웅상 바오밥 군락지 전경. 앞은 퉁퉁마디 군락지

⌄ **안다바두아카 인근 그랑디디에바오밥** Grandidier Baobabs near Andavadoaka

안다바두아카는 툴레아와 무룬다바 사이의 서쪽 해안가에 발달한 작은 어촌 마을로 근처 가장 가까운 큰 마을이 무룸베로 60여 km 북쪽에 위치한다. 이 작은 어촌 마을은 5천여 명이 거주하지만 바닷가 사구에 위치하여 물이 부족한 관계로 생활이 어렵고 농업이 불가능하여 대부분의 주민들은 어업에 종사한다. 해안가가 아름답지만 찾는 이도 거의 없고, 유일한 호텔(Coco Beach Hotel)에서 방갈로를 운영하지만 짠 바닷물을 식수로 공급한다. 따라서 방문자들은 물과 음식을 충분히 준비해야 한다. 또한 센 바닷바람으로 저녁 내내 창문이 덜컹거려 잠을 이루지 못하고 거의 뜬 눈으로 지새웠다. 그러나 안다바두아카에서 남쪽과 북쪽 길가 10km 이내에서 바닷가 기후에 적응한 다양한 모양의 그랑디디에바오밥 나무들을 만나는 기쁨이 있었다. 또한 가시가 많은 수풀(*Euphorbia*, *Didiera* 속 식물들이 우점) 속의 바오밥 나무들을 먼발치에서 바라보는 풍광도 아름다웠다.

GPS좌표 S 22° 04' 57.37", E 43° 15' 43.48", 해발 9m (안다바두아카 북쪽)
　　　　　 S 22° 07' 13.22", E 43° 15' 31.58", 해발 5m (안다바두아카 남쪽)

해 질 무렵 바오밥 나무 위로 남은 하얀 달을 볼 수 있다. 안다바두아카 마을 남쪽 10km 지점

∨ 안차쿠베 그랑디디에바오밥 군락지 Grandidier Baobabs in Antsakobe

안차쿠베는 무룸베 북쪽 타난다바(Tanandava)와 베부아이(Beboay) 마을 사이의 작은 마을로 지도상에 잘 나타나지 않은 농촌 마을이다. 이 마을 길가에서 보면 우기에만 물이 흐르는 작은 개천가를 따라 길게 숲이 형성되어 있는데, 그 랑디디에바오밥 200여 그루가 길게 늘어져 숲을 형성하고 있다. 바오밥 숲은 아카시아, 해변대추 등의 잡목들과 함께 자라 줄기 아랫부분을 보기는 어렵고 윗부분만 볼 수 있다. 몇몇 그루의 그랑디디에바오밥이 농경지에도 서 있어서 이 지역이 과거에는 바오밥이 우점하는 숲이었음을 짐작할 수 있다. 경작지에 서 있는 한 그루의 그랑디디에바오밥은 일 반 그랑디디에바오밥과는 달리 나무의 아래에서 위까지 수차례 분지되었고, 흉고지름 5.2m, 높이 23m 정도, 수령은 500년 이상으로 추정된다. 이 나무로 보아 이 지역의 바오밥 숲은 비교적 수령이 오래되었음을 엿볼 수 있다. 바오밥 숲의 아랫부분이 잡목에 싸여 볼 수 없어 필자는 차량 위에 올라 삼각대와 망원렌즈를 설치하고 전체적인 숲의 모습과 각 나무의 수형을 관찰할 수 있었다.

GPS좌표   S 21° 44' 09.77", E 43° 46' 17.04", 해발 13m

01 안차쿠베 군락지 전경 02 안차쿠베 지역 경작지에 덩그러니 홀로 남겨진 그랑디디에바오밥
03 안차쿠베 지역에서 가장 큰 그랑디디에바오밥. 분지가 많이 되었다. 04 안차쿠베 군락지의 왼쪽 부분

01 만구키강을 건너는 지역 주민과 멀리 보이는 바오밥 나무 02 베부아이 언덕의 큰 그랑디디에바오밥(흉고지름 6m, 높이 20m)
03 베부아이 인근 길가의 그랑디디에바오밥

⩘ **만구키강 언덕의 그랑디디에바오밥 나무들** Grandidier Baobabs near Mangoky River

만구키강은 마다가스카르 중남부의 동쪽 산악 지역에서 발원하여 서쪽 모잠비크 해협 쪽으로 흐르는 비교적 큰 강으로 하류는 무룸베와 벨루-술-멜 사이로 흐른다. 무룸베와 벨루-술-멜 사이를 육로로 이동하기 위해서는 베부아이 마을에서 도선을 해야 하는데, 차량을 운반해주는 현대식 도선이 수시로 운행되고 있다. 선착장은 따로 없고 양쪽 강가에 널리 형성된 흰 모래언덕을 따라 강 쪽으로 이동하면 적당한 곳에서 도선이 차량을 싣고 내려주며, 도선 시간은 10분 이내이다. 강을 이동하면서 보면 베부아이 쪽 모래언덕 위로 그랑디디에바오밥 나무들을 볼 수 있다. 특히 베부아이에서 선착장으로 이동하는 오른쪽 산언덕에서는 흉고지름 6m, 높이 20m에 이르는 큰 그랑디디에바오밥을 만날 수 있고, 베부아이 마을과 직전 1~2km의 길가에서도 다양한 수형의 그랑디디에바오밥 나무들을 만날 수 있다.

GPS좌표   S 21° 50' 43.10", E 43° 52' 09.29", 해발 54m (베부아이 언덕)

∨ 안테바메나—마루피히차 사이의 그랑디디에바오밥 나무들
Grandidier Baobabs between Antevamena and Marofihitsa

만자(Manja)에서 벨루-술-멜로 이동하면 중간에 안테바메나(Antevamena) 마을과 마루피히차(Marofihitsa) 마을 등을 통과한다. 이 두 마을 사이는 30km 정도의 거리로 차량으로 1시간 반 정도 소요된다. 두 마을 사이에서 그랑디디에바오밥의 밀도가 높은 두 지역을 만날 수 있으며, 이외에도 길가에서 산발적으로 바오밥 나무들을 볼 수 있다. 필자가 방문한 7월 중순에 그랑디디에바오밥 나무들은 개화 말기로 개화한 개체, 수분을 매개하는 새, 어린 열매 등을 볼 수 있었다. 이 지역은 강수량이 비교적 많아 바오밥 나무의 키가 크다. 주변 식생은 주로 해변대추나무가 빽빽하게 자라고, 토양은 사질토이다. 또한 드물기는 하지만 자바오밥도 볼 수 있다.

GPS좌표   S 20° 55' 38.56", E 44° 05' 24.76", 해발 66m
　　　　　　S 20° 52' 31.07", E 44° 02' 02.98", 해발 23m

그랑디디에바오밥의 흰 꽃에 날아온 새

01 길가에 길게 자란 비교적 어린 그랑디디에바오밥　02 길가 숲에 길게 자란 그랑디디에바오밥

지붕 위로 자라는 그랑디디에바오밥. 아래쪽은 세 가지 색으로 페인트칠이 되어 있다.

⋀ 벨루-술-멜 집 속의 바오밥 Baobab Tree in the house, Belo sur Mer

벨루-술-멜은 인구 400명 정도가 거주하는 조용한 어촌마을로, 무룬다바 남쪽 100km 정도에 위치하지만, 두 도시 사이는 비포장이고 다리가 없는 강을 여러 개 건너야 하므로 우기에는 이동이 불가능하고 건기에만 이동이 가능하며, 건기에도 약 4시간이 소요된다. 벨루-술-멜에는 키린디미테아국립공원(Kirindy Mitea National Park)이 있으나 국립공원에 갈 수 있는 날은 1년에 두세 달로 제한된다. 필자가 방문했던 7월 중순에는 비가 많이 와 국립공원으로 연결되는 도로의 통행이 4륜구동 자동차로도 불가능했다. 이 국립공원에는 비교적 큰 그랑디디에바오밥 두 그루가 있다고하나, 얼마나 큰 나무인지 필자는 확인하지 못했다. 그러나 이 마을 중심부에서 매우 흥미로운 두 그루의 그랑디디에바오밥을 만날 수 있었다. 한 그루는 비교적 큰 나무로 수세가 좋아 많은 꽃과 열매를 달고 있었으며, 나머지 한 그루는 약간 작지만 누군가의 집 지붕을 뚫고 자라고 있었다. 나무와 집 모양으로 보아 집 주인이 바오밥 나무가 있는 곳에 집을 지었거나 확장한 것으로 보인다. 바오밥 나무를 베지 않고 살려서 집을 지은 집주인의 배려가 엿보인다. 줄기가 굵어지면서 나무와 지붕 사이의 틈은 없어졌고, 나무 아랫부분은 주변의 울타리를 고려하여 페인트칠을 해준 주인의 마음도 읽을 수 있었다. 주인의 마음에 보답하듯 이 나무는 꽃이 피고 열매를 맺고 있다. 이 나무 주변에 있는 큰 나무는 동네 어린이들의 놀이터이자 많은 꽃과 열매를 달고 자라고 있다. 특히 낮은 가지에도 많은 꽃이 달려 가까운 거리에서 꽃을 볼 수 있는 드문 기회를 제공했다.

GPS좌표　S 20° 44' 09.50", E 44° 00' 08.13", 해발 35m

물통 모양의 나무. 몽땅한 줄기에 붉은 꽃봉오리가 달려 있다.

⌃ 안다람베주 인근의 물통 같은 그랑디디에바오밥 Wide Bottle-shaped Baobabs in Andalambezo

바오밥 나무는 생육환경에 따라 수형이 크게 달라지는 적응현상을 보인다. 같은 종이라고 하더라도 수분함량이 많은 지역에 자라는 나무일수록 키가 크고 길게 자라는데 비하여, 건조한 곳에 자라는 나무일수록 통통하고 짧게 자란다. 이러한 경향성은 특히 마다가스카르 서남부에 분포하는 루브로스티파바오밥과 그랑디디에바오밥에서 눈에 띄게 관찰된다. 또한 해안가 염도가 높은 지역에 분포하는 개체일수록 극심한 건조지역에 분포하는 개체와 같이 뚱뚱하고 높지 않게 자라는 특성을 보인다. 이는 식물들이 건조와 염도에 따라 적응하는 기작이 유사하기 때문으로 판단된다. 그랑디디에바오밥의 경우 무룬다바 바오밥거리에서 자라는 개체들은 비교적 가늘고 높이 자라는데 비하여 남쪽 해안가인 사라리-안다바두아카-무룸베 등의 건조지, 특히 해안 건조지에 자라는 개체들은 낮고 통통한 수형을 유지한다. 같은 지역이라 할지라도 국지적인 토양과 수분 여건에 따라 수형에 약간씩 차이가 있다. 사라리에서 안다바두아카로 가는 해안도로 사구지역에서는 종종 몽땅한 그랑디디에바오밥들을 만날 수 있다. 특히 안다람베주(3km) 거북이 보존구역 해변 및 베판데파(Befandefa, 7km) 갈림길 부근에서는 매우 인상적인 그랑디디에바오밥들을 볼 수 있다. 이들 바오밥들은 모두 흉고지름이 3~5m 정도이고, 키가 10m 이내로 짧고, 주 줄기가 잘린 후 2차 가는 줄기가 발달하고, 그 끝에서 꽃이 피고 열매를 맺는 형상으로, 이 지역에 사는 부시맨들이 열매를 채취하기 위하여 가지를 잘라낸 후 회복된 수령을 유지하는 것으로 생각된다. 가끔 줄기가 잘리지 않은 정상적인 개체가 보여 이를 대조하여 관찰할 수 있는 장소이다.

GPS좌표 S 22° 16' 59.64", E 43° 17' 39.33", 해발 10m

문신한 그랑디디에바오밥 전체 모습과 문신 패턴의 확대(좌표 1)

⋎ 문신한 바오밥 Tattooed Baobabs

바오밥 수피는 생육환경에 따라 색깔이 다르다. 특히, 생육토양의 성분에 따라 같은 종이라도 색깔이 다르다. 즉 같은 그랑디디에바오밥이라도 토양이 규산질과 철분이 많은 사질황토에서 자랄수록 산화철 성분이 수피에 많이 축적되어 색이 붉고, 산화철이 거의 없는 토양에서 자랄수록 회백색을 띤다. 마다가스카르바오밥도 마찬가지여서 석회암지대에 자라는 것은 수피가 회백색이고 산화철이 많은 사질토양에 자라는 것은 검붉은색을 띤다. 특히, 마다가스카르 북부의 디에고 프렌치산맥의 산화철이 풍부한 토양에서 자라는 마다가스카르바오밥과 수아레즈바오밥은 종은 달라도 수피 색깔이 모두 검붉은색이다. 또한 수아레즈바오밥이라도 자라는 토양에 따라 수피가 붉은색이 아닐 수 있다. 다른 종들도 토양환경과 수피의 색깔은 밀접한 연관을 갖는다. 또한 성장단계에 따라서 같은 종이라도 수피가 터지고 새로운 조직이 생김에 따라 수피의 색깔에 변화가 생긴다. 특히 염도가 높은 사질토양에 자라는 바오밥 나무의 경우, 우기와 건기, 또는 해에 따라서 비가 많이 오는 해와 비가 적은 해가 반복되면서 주변 토양의 염도가 낮아지는 해와 높은 해가 반복되고, 수피의 부피생장이 빠른 해와 천천히 진행되는 해가 반복될 경우, 수피에 누적되는 산화철의 양도 주기적으로 달라지면 수피에 일정한 모양으로 패턴이 형성될 수 있다. 결과적으로 수피에 문신처럼 보이는 얼룩이 형성되는 특이한 현상이 관찰된다. 필자가 추론하기로는 이러한 경향성은 산화철 함량과 염도가 높은 지역에서 나타날 가능성이 높다. 필자는 이러한 바오밥 나무들을 마다가스카르 서남부 해안가에서 생육하는 그랑디디에바오밥 중에서 드물게 목격할 수 있었고, 이를 문신한 바오밥(Tattooed Baobabs)이라 명명한다. 문신한 바오밥은 사라리(Salary)와 안다바두아카 마을 사이의 해안가에 자라는 그랑디디에바오밥 자생지 세 곳에서 볼 수 있었다.

GPS좌표   S 22° 16' 16.56", E 43° 18' 13.12", 해발 11m (좌표 1)
                 S 22° 15' 30.63", E 43° 18' 26.60", 해발 11m (좌표 2)
                 S 22° 07' 13.22", E 43° 16' 31.58", 해발 5m (좌표 3)

01-02 문신한 그랑디디에바오밥 전체 모습과 문신 패턴의 확대(좌표 2)
03-04 문신한 그랑디디에바오밥 전체 모습과 문신 패턴의 확대(좌표 3)

검붉은 수피가 인상적인

수아레즈바오밥

수아레즈바오밥은 마다가스카르 북부 안치라나나(디에고 수아레즈) 부근의 디에

고만과 프렌치산맥 일대에 제한적으로 분포하는 국제적 멸종위기종(EN등급)이

다. 줄기가 검붉고, 수형이 수평 또는 다양하게 변형되었는데, 이는 이 지역의 토

양과 사이클론에 적응한 결과이다. 잎은 같은 지역에 분포하는 마다가스카르바오

밥보다 크고, 작은잎 수는 7~9개이다. 꽃은 흰색으로 잎이 떨어진 직후인 5~6

월에 개화하고, 수술통이 짧은 특징을 보인다. 꽃의 모양으로 보아 그랑디디에바

오밥과 매우 유사하나 꽃이 약간 더 큰 편이다. 열매는 타원형으로 크고 맛이 좋

지만 희귀하여 수집이 어렵다.

안드라카카 지역의 수아레즈바오밥. 흰 꽃을 볼 수 있다

프렌치산의 수아레즈바오밥(우기)

수 아 레 즈 바 오 밥

【학명】

Adansonia suarezensis H. Perrier, (1952) Notul. Syst. 14: 300-304.

*종소명 수아레젠시스(*suarezensis*)는 이 바오밥이 주로 자생하는 지역인 디에고 수아레즈(Diego Suarez,
1975년 이후에는 안치라나나(Antsiranana)로 개칭하여 부르고 있음)에서 따온 것이다. 또한 이 도시의 옛 이름
디에고 수아레즈(Diego Suarez)는 원래 포르투갈 항해사이며 탐험가인 디오고 소아레스(Diogo Soares de
Albergaria, 1543년 이 지역을 항해하고 탐험)의 이름에서 따온 것이다.

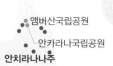

앰버산국립공원

안카라나국립공원

안치라나나주

● 수아레즈바오밥 서식지
● 주요지명

마다가스카르

● 안타나나리보

분 포

마다가스카르 특산종으로 북쪽 끝의 안치라나나(Antsiranana)만 일대의 산 언저리에 분포한다. 이 종은 주로 석회암지대의 산 언덕 낙엽활엽수림에 분포한다. 특히 프렌치산(Montagnes des Francais)의 북쪽 해안 부분(안치라나나에서 라메나로 가는길)의 가파른 산지에서 쉽게 볼 수 있으며, 붉은 사질토양에서 주로 자란다. 프렌치산맥의 북쪽 끝에서 산맥을 따라 남쪽 사면까지 산기슭에 주로 자란다.

프렌치산맥의 남단 경사면에서 자라는 수아레즈바오밥 군락지

프렌치산맥 북단에서 자라는 두 팔 벌린 수아레즈바오밥 01 우기 02 건기

01 검붉은색의 줄기 02 터진 줄기껍질

주 로 볼 수 있 는 지 역

마다가스카르 북쪽 끝의 항구도시 안치라나나는 지금도 많은 지역민들이 디에고라고 줄여서 부른다. 인구는 8만 3천 명 정도의 작은 도시이다. 안치라나나에서 동쪽으로, 라메나(Ramena)로 가는 해안길을 타고 8km 정도 이동하면 프렌치산맥이 해안과 접한 산기슭 경사지에서 여러 그루의 수아레즈바오밥을 볼 수 있다. 또한 안치라나나에서 6번 국도를 타고 남쪽으로 이동하면 이 도로가 프렌치산맥과 거의 같은 방향으로 달리는데, 멀리 동쪽 산기슭을 따라 수아레즈바오밥을 볼 수 있다.

식물의 특징

줄기

높이 25m, 지름 2m에 이르는 낙엽교목으로 1개의 원통형 또는 고깔형으로 주 줄기로 구성되지만 종종 끝이 2~3개로 갈린다. 1차 가지는 주 줄기 끝에서 규칙적으로

01 잎 02 마다가스카르 북쪽에서 자라는 바오밥 3종의 잎 비교 (왼쪽부터 마다가스카르바오밥, 수아레즈바오밥, 페리에바오밥)

나누어져 수평으로 발달한 수관이 형성된다. 수피는 회갈색-적갈색으로 표면은 평활하나 종종 터지며 어린 줄기껍질 안쪽은 녹색 광합성 층이 있다.

잎

주로 가지 끝에 어긋나게 달리는 장상복엽으로 작은잎의 수는 6~9장(드물게 5~6장)이 보통이고, 잎자루는 길이 12~18cm, 지름 2~4mm이고 각이 지고 털이 없다. 턱잎은 일찍 탈락한다. 작은잎자루는 길이 3~5mm이고, 중간의 작은잎이 가장 크며 넓은타원형-도피침형으로 길이는 11~17cm, 폭 3.5~5.5cm, 끝은 급첨두, 아래는 설저, 엽연은 전연이다. 가장자리 작은잎은 길이 6~10cm, 폭 3~5cm이다. 짧은 털이 약간 있거나 조모가 있다. 엽맥은 1~2차맥이 뚜렷하고 잎 아랫면으로 돌출하였다.

꽃

잎이 없을 때(주로 5~7월) 개화하는데, 꽃봉오리는 줄기 끝에 하늘 방향으로 주로 1개가 직립하고 타원형이다. 꽃자루는 짧고 두꺼우며 길이 0.3~0.5cm, 지름 1cm이며, 환절을 사이에 두고 길이 0.8~1cm의 작은꽃자루와 바로 연결되며, 꽃자루와 작은꽃자루는 갈색이다. 꽃받침은 5개로 나뉘고, 윗부분이 뒤로 젖혀지면서 두 번 정도 감기는데, 각 열편은 길이 7.5~8.5cm, 폭 1.5~2cm이고, 육질성이다. 열편의 바깥쪽은 녹색으로 조모가 밀생하고, 안쪽은 크림색의 견모가 밀생하지만 시간이 지나면서 갈색-적갈색이 된다. 꽃받침 아래는 꽃받침통이 컵 모양으로 형성되는데 깊이는 1.5cm 정도이다. 꽃잎과 수술의 유합 부위는 꽃받침통 안쪽에 부착된다. 꽃잎은 흰색이지만 개화 후 시간이 지나면서 노란색을 띠다가 갈색으로 변한다. 꽃잎은 도피

01 개화 직전 녹갈색 꽃봉오리(화안의 길이는 5~6cm)
02 개화 중인 꽃봉오리(꽃받침이 5열로 갈라짐)
03 개화한 꽃의 앞면과 뒷면
  (왼쪽 - 반곡한 5장의 꽃받침과 꽃잎, 오른쪽 - 많은 수술과 긴 암술대)
04 꽃받침과 자방에서 분리되는 꽃잎과 수술
  (꽃잎은 수술통의 기부에 붙은 채로 탈락하며 수술통은 1cm 이내로 짧음)
05 수분 후 탈락한 수술과 꽃잎
06 수술수는 보통 600~800개 내외이고, 이생하는 수술대의 길이는 5~6cm

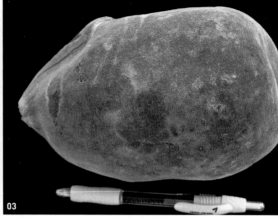

01 숙존하는 꽃받침과 암술대(열매 발달이 안 되면 꽃받침과 암술 전체가 하나로 떨어짐. 암술대 길이는 9~10cm)
02 떨어진 꽃 03 열매(길이 25cm, 폭 12cm)

침형-도피침형으로 편평하거나 약간 꼬이는데, 길이가 폭의 5배 정도로 길며, 길이 8~10cm, 폭 1.5~2cm이다. 수술은 흰색이고 수술통은 길이 1cm 정도로 짧고, 지름은 1.5cm 정도이다. 수술통 끝에 800~1,100개의 이생하고 120도 정도 둥글게 퍼지는 수술대가 있는데, 길이는 각각 5~7cm이고, 그 끝에 노란색의 꽃밥이 있다. 암술의 자방은 통형-깔때기형으로 높이 1cm 정도이고 위로 향하는 황갈색 털이 밀생하고 내부에 200여 개의 배주가 있다. 암술대는 흰색으로 직립하며(드물게 끝이 약간 굽기도 함), 중간 부위 수술보다 2~3cm 길어서 꽃 밖으로 도출되며, 자방과 연결되는 아래 부위는 견모가 밀생하고 윗부분은 털이 없으며, 꽃잎과 수술이 탈락한 후에도 자라는 열매에 오랫동안 숙존한다. 암술머리는 흰색으로 컵 모양이다.

열매

장타원형-원통형으로 길이 20~40cm, 폭 8~14cm, 꽃받침이 기부에 숙존하며 적갈색 털이 밀생한다. 열매껍질은 두께 3~4mm로 깨지기 쉽고, 여러 개의 길게 발달한 섬유질이 성긴 그물 모양으로 발달하며, 안쪽에 흰색-크림색의 종의층이 종자를 둘러싼다. 종자는 신장형으로 약간 납작하고 길이 1.7~2cm, 폭 1.3~1.5cm, 깊이 1.3~1.4cm이다. 발아 시 떡잎은 주로 땅속에 남아 있다.

개화와 결실

잎은 우기가 시작되는 12월부터 나오기 시작하여 건기가 시작되는 이듬해 4월까지 달리고, 꽃은 잎이 떨어진 후 5~7월에 개화하며, 열매는 11월에 성숙한다.

염색체
2배체로 염색체 수는 88개이다.

다른 종과 구별되는 특징
수아레즈바오밥은 꽃의 특징이 서남부에 분포하는 그랑디디에바오밥(*A. grandidieri*)과 유사하다. 그러나 작은잎이 크고 넓으며, 잎에 성상모가 없고, 꽃봉오리가 녹색이며, 열매가 보다 길쭉하고, 분포지가 마다가스카르 북쪽이며, 줄기가 보다 적갈색을 띠는 것이 구별되는 특징이다. 지리적으로 보면 같은 지역에 마다가스카르바오밥(*A. madagascariensis*)이 함께 나타나기도 한다.

이용

마다가스카르 북쪽 지역 주민들은 바오밥을 부-지(Boozy)라 부른다. 열매와 종자는 식용하지만 생산량이 적어 극히 제한적으로 이용된다. 현재는 주로 열매를 기념품으로 판매하는 용도로 이용한다. 줄기껍질 추출물을 당뇨병 치료에 이용한다.

보존

수아레즈바오밥의 분포영역은 좁으나 프렌치산맥을 따라 꽤 많은 개체수가 분포한다. 정확한 통계자료가 없어 몇 개체가 생육하는지는 모르지만 분포영역이 좁고, 이 산맥의 많은 곳이 화목 채취나 개간으로 파괴되고 있는 상황으로 보존 대책이 시급하다. 또한 열매를 맺는 개체와 어린 개체들이 많지 않은 점을 고려할 때 시급히 보존에 대한 관심을 기울여야 한다. 그나마 프렌치산맥의 가파른 경사면에 개체들이 남아 있는 것이 다행이다. 수분 매개자인 과일박쥐(*Eidolon dupraenum*) 집단의 생존도 이 종의 증식과 보존에 중요한 역할을 할 것이다. 그러나 현재 종자를 전파하는 동물이 이 지역 생태계에 없는 것으로 보인다. 멸종위기종으로 정밀한 개체수 파악, 생태계에서의 다른 동식물과의 관계 등 전반적인 연구가 필요하다. 채취한 종자에서 발아 및 증식은 비교적 용이하다.

안치라나나에서 라메나로 가는 길 산기슭에서 볼 수 있는 두팔벌린바오밥(건기)

⩘ 두팔벌린바오밥 Open Armed Baobab

안치라나나에서 동쪽에 위치한 작은 해안마을인 라메나로 가는 해안길을 타고 8km 정도 이동하면 프렌치산맥 (French Mt. Range)이 해안과 접한 산기슭이 나타난다. 이 산기슭에서 건기에는 줄기가 검붉은 바오밥의 큰 나무들을 볼 수 있고, 우기에는 잎이 달린 줄기가 붉은 특이한 모양의 바오밥 나무들을 볼 수 있는데 이들이 수아레즈바오밥이 다. 이 산기슭 길을 뒤로하고 해안선을 따라 300~400m 정도 더 이동하면 길 오른쪽에서 비교적 넓은 비포장 주차장 을 볼 수 있다. 길가 양쪽의 가판대에서는 바오밥 열매와 조개껍질을 전시해 놓고 있다. 바다 쪽으로 민가가 몇 가구 있 고 산 쪽으로 민가가 한 가구 있다. 이곳에서 프렌치산맥을 보면 바로 앞에, 사진에 많이 등장하는 수평으로 가지가 나 뉘어 마치 두 팔을 벌리고 나를 환영하는 것 같은 붉은 줄기의 수아레즈바오밥을 볼 수 있다. 바로 그 오른쪽에는 가지 가 수평-수직으로 나뉜 또 다른 수아레즈바오밥이 서 있고, 해안 쪽 능선에도 크게 자란 한 그루를 볼 수 있으며, 멀리 산맥 쪽으로도 여러 그루를 볼 수 있다. 여기서 산까지 10분 정도 걸으면 이들 수아레즈바오밥을 가까이서 관찰할 수 있다. 두 팔 벌린 수아레즈바오밥은 흉고지름이 1.8m 정도이다. 같은 방향으로 100m 떨어진 큰 나무는 흉고지름이 1.9m 정도이다. 수아레즈바오밥의 줄기가 여러 가지 형태로 나뉜 이유는 아마도 이 지역이 해안가이기 때문이다.

두팔벌린바오밥(우기)

불규칙적으로 큰 사이클론이 인도양 쪽에서 불어와 자라는 동안 어떤 해에는 생장점이 꺾이거나 큰 상처를 받아 다양한 모양으로 가지가 나뉘어(두 팔 벌린 모양, Y자, L자, 삼지창 모양 등) 자란 것으로 판단된다. 그리고 이 지역의 수피가 암적색으로 유난히 눈에 띄는 이유는 토양의 색소와도 상관이 있는 것으로 보인다. 이곳은 연간강수량이 1,200mm 정도 된다. 그러나 이 지역에는 마다가스카르바오밥(A. madagascariensis)이 같이 자라고 있어서, 잎이 없는 건기에 나무만 보고 두 종을 구별하는 것은 비전문가로서는 어렵다. 특히 마다가스카르바오밥도 이 지역의 토양 때문에 모두 수피가 붉어서 수피만으로는 구별이 어렵다. 하지만 꽃, 잎, 열매 등이 달린 경우에는 쉽게 구분된다. 이 지역에서 마다가스카르바오밥의 꽃은 적색이고 3월에 개화하며, 수아레즈바오밥의 꽃은 희고 5~6월에 개화한다. 마다가스카르바오밥의 열매는 원형으로 작은데, 수아레즈바오밥의 열매는 타원형으로 크다. 잎의 경우도 수아레즈바오밥이 크고 엽맥이 많으며 두껍다. 지역 주민들이 나뭇가지에 걸어 놓고 판매하는 둥근 열매는 모두 마다가스카르바오밥 열매이다. 두 종은 동소적으로 분포하지만 개화시기가 다르고 꽃의 모양도 매우 달라 잡종의 가능성은 없다.

GPS좌표 S 12° 18' 44.18", E 49° 20' 16.23", 해발 5m (두팔벌린바오밥 조망 지점)

프렌치산맥 남사면의 수아레즈바오밥

01-02 프렌치산맥 남사면에 있는 다양한 수형의 수아레즈바오밥

01

02

프렌치산맥 남단의 수아레즈바오밥 군락지

≪ 프렌치산맥 남사면의 바오밥 나무들 Baobabs in Southern Slope of French Mt.

프렌치산맥은 디에고 동쪽 만에서 시작하여 북에서 남쪽으로 30km 정도 이어지다 갑자기 남사면이 경사지를 이루면서 끝난다. 이 남사면 경사지에 바오밥 군락지가 비교적 잘 보존되어 있다. 이 군락지에 접근하기 위해서는 먼저 디에고에서 6번 도로를 타고 남쪽으로 20여 km 이동한다. 그러면 오른쪽으로 앰버산국립공원과 조프레빌(Joffreville)을 가는 삼거리가 나온다. 여기서 다시 20km 정도 남쪽으로 이동하면, 길 왼편으로 멀리 산 쪽의 능선을 따라 여러 그루의 바오밥 나무를 볼 수 있다. 이곳에서 가까운 민가에 들러 지역 주민의 안내를 받으면 산의 남단 자락에 쉽게 접근할 수 있다. 이 지역의 바오밥 나무들을 보기 위해서는 최소한 2~4시간을 걸어야 하며, 농로가 복잡하게 얽혀 있어서 지역 농민의 안내 없이는 접근하기 어렵다. 필자는 농가에 들러 2만 아리아리(마다가스카르 화폐, 우리 돈의 반 정도로 환산됨. ex) 2만 아리아리= 1만 원 정도)를 주고 한 농부의 도움을 받았다. 무더운 우기에 찾아간 관계로 옥수수, 사탕수수밭 길을 지나, 잡초가 무성한 비탈길을 오르는 일은 마라톤으로 몸이 잘 단련된 필자도 쉽지 않았으며, 많은 땀을 흘렸다. 그러나 자생지의 수아레즈바오밥 나무들을 볼 수 있는 흔치 않은 즐거움으로 보답되었다. 이 일대의 산 사면에는 수아레즈바오밥과 마다가스카르바오밥이 같이 자라는데, 멀리서도 수피의 색깔로 구별이 가능하다. 지역 주민들은 우기가 시작되기 전이고 바오밥의 잎이 나오기 직전인 11~12월경에 수아레즈바오밥의 열매를 수거하여, 식용으로 이용한다고 한다. 현지인들은 두 종의 차이는 모르지만, 열매가 작고 맛이 없는 것(마다가스카르바오밥을 의미)은 수거하지 않는다고 한다. 수아레즈 바오밥의 흰 꽃은 잎이 지고 난 5~6월에 핀다.

GPS좌표   S 12° 23' 33.99", E 49° 19' 41.10", 해발 184m (프렌치산맥 남단 바오밥 군락지 조망 지점)
　　　　　　S 12° 23' 47.44", E 49° 19' 45.69", 해발 200m (148p 위 사진)
　　　　　　S 12° 26' 61.68", E 49° 21' 58.03", 해발 64m (6번 국도상에서 접근 위치)

≫ 디에고만 일대의 수아레즈바오밥 나무들 Baobabs around Diego Suarez Bay

디에고-수아레즈 시내의 서북쪽 끝에 이르면 바닷가 경사진 공간에 서 있는 한 그루의 비교적 큰 수아레즈바오밥을 볼 수 있다(첫번째 좌표). 여기서 디에고만 건너편으로 반도처럼 길게 뻗어 있는 안차라나나 지역이 보이는데 바닷가를 따라 여러 그루의 수아레즈바오밥이 자라는 것을 볼 수 있다(두번째 좌표). 이 지역은 식생이 대부분 파괴되었고 바오밥 나무만 바닷가에 서 있는 형태로, 어린 개체들은 거의 관찰되지 않고 오래된 개체들만 남아 있다. 특히 육로를 통해 이 지역으로 이동하다 보면, 만을 감싸고 발달한 서쪽의 산악 지역 중턱에 수아레즈바오밥의 최대 군락지를 볼 수 있다. 또한 구 공항 활주로 이전의 길가에서도 비교적 큰 수아레즈바오밥이 마다가스카르바오밥과 동시에 나타나는 것을 자주 볼 수 있다. 위에 제시한 두 좌표 지점 간의 이동 중에도 수아레즈바오밥이 나타나기도 했다(나머지 좌표). 이들 지역과 디에고만으로 접근하기 위해서는 디에고에서 4륜구동으로 비포장도로를 따라 2시간 이상 가야 하는데, 건기에는 이동이 가능하지만, 우기에는 길이 안 좋아 이동이 어렵다. 필자는 우기인 3월에 이곳을 가려다가 차가 갈 수 없어 포기하고, 건기가 시작된 5월 말에야 가볼 수 있었다. 이때는 이미 대부분의 수아레즈바오밥 잎이 떨어져 없었고 일부 개체는 한창 개화 중이었다. 디에고에서 서쪽 방향으로 20분 정도 이동하면 디에고 쓰레기매립장을 지나고, 망고농장 등을 지나 바닷가에 소금을 생산하는 염전을 볼 수 있다. 이 지역에는 여러 그루의 마다가스카르바오밥이 종종 나타난다. 약 1시간 정도 가면 서쪽의 바닷가 쪽 구릉지대와 산악지대에 수아레즈바오밥과 마다가스카르바오밥을 동시에 군데군데서 볼 수 있다. 맹그로브가 잘 발달한 만을 지나 안드라카나 옛 비행장 활주로도 지나 차를 세운 후 1시간 정도 긴 풀이 무성한 초지를 걸어서 디에고만에 도착할 수 있다. 디에고 항구의 맞은편 지점에 바닷가 경사지로 여러 그루의 수아레즈바오밥을 볼 수 있으며 마다가스카르바오밥도 종종 나타난다. 이 지역은 가시덤불과 뾰족한 돌들이 많아 발길을 옮기는 것 자체가 어려웠으나, 식물학자로서 국제적 멸종위기종의 군락지를 볼 수 있다는 기쁨은 매우 컸다. 필자가 찾아간 5월에는 수아레즈바오밥이 개화 중이었고, 마다가스카르바오밥은 열매를 달고 있어서 두 종이 동소적으로 나타나지만 쉽게 구분할 수 있었다.

GPS좌표 S 12° 16' 37.68", E 49° 17' 07.02", 해발 37m (디에고 수아레즈 시내 바닷가)

S 12° 16' 31.43", E 49° 15' 58.50", 해발 7m (디에고 북서쪽 바닷가 자생지, 아래 왼쪽 사진)

S 12° 16' 33.84", E 49° 11' 08.70", 해발 25m (아래 중간 사진)

S 12° 17' 28.86", E 49° 11' 16.13", 해발 3m (오른쪽 위 사진)

S 12° 16' 41.91", E 49° 11' 15.47", 해발 19m (오른쪽 아래 사진)

01-02 디에고만 일대에 있는 다양한 수형의 수아레즈바오밥 03 수아레즈바오밥이 있는 디에고만 일대

수 아 레 즈 바 오 밥

디에고만 안드라카카 지역의 바닷가에 일렬로 생육하는 수아레즈바오밥 나무들

안드라카카 산록 지역에 꽃이 핀 수아레즈바오밥

01 수아레즈바오밥 전체 줄기 모양(흉고지름 1.3m, 높이 30m 정도)
02 수아레즈바오밥의 비후된 줄기 아랫부분과 회색과 갈색의 모자이크 줄기 표면

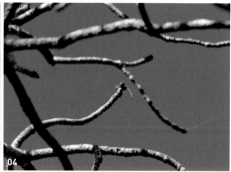

03 줄기에 잎이 일부 남아 있는 수아레즈바오밥
04 줄기 끝에 최근에 꽃이 지고 꽃받침과 흰색 암술대가 남아 있는 수아레즈바오밥

≪ 다라이나 지역공원의 수아레즈바오밥 Suarez Baobab in Daraina Park

안치라나나주 암반자(Ambanja)에서 삼바바(Sambava)로 가는 길(5a)은 마다가스카르 섬의 목 부분을 서쪽에서 동쪽으로 지나는 형상이다. 이 길은 노면 상태가 안 좋아 차체가 높은 4륜구동 자동차로도 한 시간에 15km 정도 밖에 움직일 수 없었다. 따라서 암반자에서 중간 기착점인 다라이나(Daraina)에 이르는 지역의 거리는 120km 정도 되지만 7시간 이상이 소요되었다. 다라이나 10km 이전에 다리아나 지역 공원으로 들어가는 입구가 있다. 산의 입구에서 걸어서 1km 정도 더 들어가니 이 지역에서 가장 큰 마다가스카르바오밥이 서 있고 주변에는 곳곳에 사금 캐는 사람들이 파놓은 구멍이 있었다. 이 마다가스카르바오밥에서 직선거리로 30m 정도 떨어진 곳에 한 그루의 다른 바오밥이 서 있다. 안내인은 이 바오밥이 페리에바오밥이라고 했다. 이전에 이곳을 방문한 사람들이(식물학자 포함) 모두 페리에바오밥으로 확인했다고 한다. 따라서 필자도 페리에바오밥을 볼 수 있다는 부푼 꿈에 이 지역을 방문했다. 이곳은 건기에만 올 수 있기 때문에 꽃이 달린 페리에바오밥을 어느 누구도 확인하지 못했을 것이다. 이 나무의 줄기 표면은 회색과 갈색이 모자이크처럼 섞인 색상이어서 주변의 마다가스카르바오밥과는 구별되었다. 그러나 400m 망원렌즈로 줄기 끝을 촬영한 필자는 이 바오밥이 페리에바오밥이 아니고 수아레즈바오밥이라는 것을 알 수 있었다. 줄기 끝에서 최근에 꽃이 지고 꽃받침과 아직 시들지 않은 암술머리를 발견했기 때문이다. 이러한 특징을 갖는 바오밥은 이 지역에서는 수아레즈바오밥이 유일하다. 페리에바오밥은 1~2월에 개화하고 암술머리가 붉은색이다. 꽃받침, 꽃잎, 수술이 모두 탈락한다. 그러나 수아레즈바오밥은 꽃받침과 암술머리는 남는다. 특히 암술머리가 흰색인 것은 꽃이 최근에 탈락했음을 의미한다. 즉 수아레즈바오밥인 것이다. 줄기가 붉지 않아 수아레즈바오밥이 아니고 페리에바오밥이라고 했다는 이전 식물학자의 이야기는 정확하지 않다. 바오밥 나무의 줄기는 생육토양에 따라 줄기 색에 변이가 크다. 필자도 페리에바오밥이 아니어서 실망했지만 이를 토대로 기재한 식물학 문헌들에도 오류가 있음을 지적하지 않을 수 없었다.

GPS좌표 S 13° 09' 12.64", E 49° 40' 13.46", 해발 28m (공원 입구)
　　　　　　 S 13° 10' 00.84", E 49° 42' 23.98", 해발 144m (수아레즈바오밥)

심각한 멸종위기에 놓인

페리에바오밥

페리에바오밥은 마다가스카르 북부 안치라나나에 가까운 앰버산국립공원, 안카라나국립공원 및 디에고만 등에 200여 개체만 생존하는 국제적 멸종위기종(EN등급)으로, 바오밥속 중 멸종의 위험성이 가장 높은 종이다. 줄기는 회갈색으로 비교적 강수량이 많은 환경에 적응한 종이며, 수형은 일반 열대수종과 유사하다. 잎은 다른 종들에 비하여 크고, 작은잎의 수는 7~9개이다. 꽃은 흰색-크림색으로 잎이 나온 뒤인 12월에 개화한다. 수술통이 바오밥 종 중 가장 길어서 무궁화 꽃과 같이 암술대의 대부분을 감싸고 있으며, 암술대는 적색이다. 열매는 타원형으로 크고, 맛 좋은 열매를 생산하지만 희귀하여 수집이 어렵다.

앰버산국립공원 내에 있는 열매가 달린 페리에바오밥

페 리 에 바 오 밥

【학명】

Adansonia perrieri Capuron, (1960) Notul. Syst. (Paris) 16: 66.

*종소명 페리에리(*perrieri*)는 마다가스카르 식물연구를 오랫동안 했던 프랑스 식물학자 페리에(Joseph Marie
Henry Alfred Perrier de la Bâthie, 1873~1958)를 기리기 위한 것이다. 우리말 이름은 이 학자 이름의 프랑스식
발음에 따라 페리에바오밥으로 명명하였다.

● 앰버산국립공원
● 안카라나국립공원

안치라나나주

● 페리에바오밥 서식지
● 주요지명

마다가스카르
● 안타나나리보

분포

마다가스카르 특산종으로 북부의 안치라나나주(Antsiranana province) 앰버산국립
공원(Amber Mountain National Park) 지역과 안카라나국립공원(Ankarana National
Park) 동쪽 지역에 분포한다. 이들 지역 6군데에 200개체 미만이 분포하는 국제적
멸종위기종이다.

안카라나국립공원 동쪽 계곡에서 볼 수 있는 페리에바오밥 01 우기 02 건기

마다가스카르 안치라나나주 앰버산국립공원 지역과 안치라나나에서 안카라나국립
공원 가는 길목에서 볼 수 있다.

식물의 특징

줄기

높이 30m, 지름 3m에 이르는 낙엽교목으로 주로 아래쪽이 넓고 위쪽이 약간 좁은
원통형에서 줄기로 구성된다. 1차 가지는 주 줄기 끝에서 불규칙적으로 나뉘어 처지
지 않고 수평 이상으로 서며, 불규칙적인 수관이 형성된다. 수피는 연한 회색이며 표
면은 평활하다.

잎

주로 가지 끝에 어긋나게 모여 달리는 장상복엽으로 작은잎의 수는 5~11장(보통 꽃이나 열매가 달린 가지는 9장)이 보통이다. 잎자루는 두껍고 길이 5~13cm, 지름 3~5mm이고 어린 잎에서는 유모이다. 턱잎은 삼각형-선형으로 길이 1.5cm에 이르고 숙존한다. 작은잎은 1~5mm의 짧은 작은잎자루에 달리거나 작은잎자루가 없다. 중간의 작은잎이 가장 크며 타원형-난형으로 길이는 8~12cm, 폭 3~4.5cm, 1차맥과 14~24쌍의 2차맥이 잎 아래쪽으로 돌출하고, 끝은 예두-소철두, 아래는 유저, 엽연은 전연이다. 어린 잎의 아랫부분은 유모이다.

꽃

잎이 발달할 때 거의 동시에 개화하는데, 꽃봉오리는 줄기 끝에 하늘 방향 또는 수평으로 1개가 직립하고, 신장된 원통형으로 누르스름한 녹색이다. 꽃자루는 짧고 두꺼우며 길이 2cm, 지름 1cm이며, 연녹색이지만 노란색 털이 밀생한다. 꽃받침은 (3)~5개로 나뉘고, 시간이 지나 뒤로 젖혀지면서 꽃의 위에서 기저부로 여러 번 꼬이면서 감긴다. 각 열편은 길이 13~18cm, 폭 0.8~1.2cm이고, 바깥쪽은 연녹색으로 조모가 밀생하고, 안쪽은 크림색 또는 붉은빛이 도는 크림색으로 견모가 밀생한

01 녹색의 꽃눈과 잎눈 02 잎 03 잎 앞면과 뒷면 04 저녁에 핀 꽃

다. 꽃받침통은 꽃잎의 유합 부위와 공간 없이 밀접하고, 컵 모양으로 비후되지 않는다. 꽃잎과 수술의 유합 부위는 꽃받침통 안쪽에 밀접하게 부착된다. 꽃잎은 노란색을 띤 흰색이지만 개화 후 시간이 지나면서 노란색을 띠다가 수술통, 암술대와 함께 떨어진다. 꽃잎은 장타원형으로 길이가 폭의 5배 정도로 길어 길이 15~23cm, 폭 3.5~4.5cm이다. 수술은 연노란색이고, 수술통은 좁고 길며 아래쪽이 약간 넓고 끝쪽이 좁으며 길이 13~20cm, 지름 0.3~1.2cm이다. 수술통은 꽃 밖으로 길게 도출되고, 끝에 180~220개의 이생하는 짧은 수술대가 360도 공 모양으로 둥글게 퍼지는데 길이는 각각 1~2.2cm이고, 그 끝에 노란색의 꽃밥이 달린다. 암술의 자방은 난형-깔때기형으로 높이 1cm 정도이고, 위쪽으로 향하는 갈색 털이 밀생한다. 암술대의 끝부분은 적색(기저부는 붉은색이 약함)으로 끝이 약간 굽고, 수술통보다 2~4cm 길어서 꽃 밖으로 도출되며, 전체 길이는 16~22cm, 무모이고, 꽃잎 및 수술과 함께 탈락한다. 암술머리는 적색이며 지름 4~8mm로 불규칙적으로 짧게 갈라진다.

열매

타원형-장타원형으로 길이 25cm에 이르고 폭보다 1.5~2.5배 길다. 과피는 두께 8~9mm로 두껍고 단단하며, 갈색의 짧은 털이 밀생한다. 과피 안에 잘 발달한 긴 섬유층이 있으며 안쪽에 흰색-크림색의 종의층이 종자를 둘러싼다. 종자는 신장형으로 납작하고 길이 0.9~1.1cm, 폭 0.8~0.9cm, 깊이 0.5~0.6cm이다. 발아 시 떡잎은 밖으로 나오고 신장형으로 지름 1.5~3cm 정도이다.

01 성숙한 열매 02 짧은 열매자루와 단지형 줄기(열매 길이 20cm, 폭 10cm)

성숙하는 열매

개화와 결실

잎은 우기가 시작되는 11월부터 나오기 시작하여 건기가 시작되는 이듬해 4월까지 달린다. 꽃은 잎이 나오는 11~12월에 걸쳐 개화하며, 열매는 이듬해 10~11월에 성숙한다.

염색체

2배체로 염색체 수는 88개이다.

다른 종과 구별되는 특징

페리에바오밥은 무궁화속(*Hibiscus*)과 유사하게 꽃 밖으로 도출하는 길고 좁은 유합된 수술통을 가지므로 꽃을 보면 쉽게 구분된다. 바오밥 중 꽃의 수술통이 제일 길고 이생하는 수술 부위는 제일 짧다. 그러나 화기가 짧아 꽃을 보기 어렵다. 잎을 보면 턱잎이 숙존하는 것이 다른 종들과 쉽게 구분할 수 있는 특징이다. 페리에바오밥

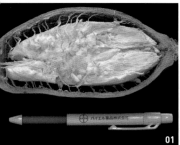

은 제한된 지역에 분포하며, 바오밥속 중 가장 강수량이 많고 습한 환경에 적응한 종으로, 다른 바오밥과 같이 줄기가 뚱뚱하지 않고 오히려 일반 나무와 유사하다. 줄기가 회색인 점으로 수아레즈바오밥과는 쉽게 구분된다. 잎을 보면 턱잎이 숙존하는 것이 다른 종들과 쉽게 구분할 수 있는 특징이다.

이용

마다가스카르 북쪽 지역 주민들은 바오밥을 부지(Boozy)라 부른다. 멸종위기종으로 열매와 종자는 식용으로 하지만 생산량이 적어 극히 제한적으로 이용된다.

보존

페리에바오밥은 바오밥속 중 가장 심각하게 멸종위기에 처한 종으로 국제자연보존연맹(IUCN)에 의하여 국제적 멸종위기종으로 지정되어 있다. 마다가스카르 북부 앰버산국립공원 지역 및 안카라나국립공원 동쪽 지역 5군데에 200개체 미만이 분포한다. 이 중 앰버산국립공원을 제외하고는 사람에 의하여 심각하게 훼손된 지역에 1~2개체가 산발적으로 분포하는 정도이다. 앰버산국립공원 내에 분포하는 개체들도 종자발아에 의한 유목이 거의 관찰되지 않는데 외래종 들쥐의 영향으로 열매가 수거되기 때문이라고 한다. 서식지 보존뿐만 아니라 인공증식에 의한 서식지 복원 프로그램을 개발해야 하는 단계이다.

건기의 다리언덕바오밥

⚹ **다리언덕바오밥** A Perrieri Baobab on the hill over bridge

6번 국도를 타고 안카라나국립공원 입구에서 앰버산국립공원 쪽으로 이동하다 보면 암분드루페(Ambondrofe) 마을, 마눈가리부(Manongarivo) 마을, 아니부라누(Anivorano) 마을, 안차쿠아베(Antsakoabe) 마을 등을 지난다. 아니부라누 마을에서 7km, 안차쿠아베 마을 이전 3km 지점에 작은 다리가 하나 있으며, 이 다리에서 안차쿠아베 방향으로 왼쪽 언덕에 눈에 띄는 회색 줄기의 큰 나무가 있는데 이 나무가 페리에바오밥이다. 흉고지름 1.5m, 높이 20m 정도이다. 건기에는 언덕 아래 냇가 또는 언덕 오른쪽으로 접근이 가능하나 우기에는 언덕 오른쪽으로만 접근이 가능하다. 그러나 비가 많이 오면 물길이 형성되어 이마저도 불가능하다. 주변에는 고무나무류와 여러 덩굴성 식물들이 섞여 자란다. 이 나무를 자세히 살펴보면 줄기 아래쪽에 큰 구멍이 나 있고, 그 안쪽이 썩어 가는 것을 볼 수 있다. 필자가 방문했을 때는 꽃봉오리와 잎이 막 나오는 상태였으며, 주변에 어린 나무는 전혀 발견되지 않았고 유일하게 이 나무 한 그루만 남아 있었다. 또한 이듬해 우기에 이 나무를 찾아갔을 때는 많은 수의 열매가 발달하고 있었다. 이 나무는 길가에 위치하여 멸종위기종인 페리에바오밥을 가장 손쉽게 볼 수 있는 기회를 제공한다.

GPS좌표 S 12° 40' 53.61", E 49° 15' 55.10", 해발 442m (다리언덕바오밥 아래 지점)

다리언덕바오밥 01 발달하는 열매 02 주 줄기 03 줄기 뒤쪽의 썩은 부위

앰버산국립공원 내에 있는 안톰부카바오밥(현존하는 페리에바오밥 중 가장 큰 개체)

≪ 안툼부카바오밥 Antomboka Baobabs

앰버산국립공원은 안치라나나에서 남쪽으로 30km 정도 떨어져 있는 주프레빌(Joffreville, Ambohitra)이라는 마을에서 가깝다. 길이 안 좋아 안치라나나에서 차로 1시간 이상 소요된다. 이 마을에서 약 4km 정도 더 들어가면 공원 사무소가 있는데 여기서 입장료와 가이드 비용을 내고 안내를 받으면 쉽게 페리에리바오밥이 있는 곳에 갈 수 있다. 국립공원 내의 강과 폭포가 있는 열대림을 2~3시간 가다 보면(약간 내리막길로 특히 우기에는 길이 매우 미끄러움), 안툼부카폭포와 안툼부카강을 지나 강기슭 언덕에 지름 3m, 높이 30여 m에 이르는 큰 바오밥 한 그루를 볼 수 있다. 원래는 두 그루가 있었다고 하나 반대편의 작은 한 그루는 최근에 쓰러져 죽었고 현재는 큰 것 한 그루만 생존한다. 줄기가 회색이며 수형이 열대우림의 보통 나무와 비슷하다. 주변에 유목은 없으나 여기서 2km 떨어진 곳에 작은 개체들이 있다고 한다. 이 큰 나무는 수세가 좋아 필자가 찾아간 3월 초에 많은 수의 원추형 열매를 달고 있었으며 12월에 개화하여 한창 열매가 성숙하는 단계였다. 그러나 나무가 높아 400mm 망원렌즈를 이용해야만 열매 사진을 촬영할 수 있었다. 앰버산국립공원 사무소에서 이 나무를 찾아가려면 최소한 왕복 5시간 이상을 할애해야 하며 거머리와도 싸워야 한다.

GPS좌표　S 12° 16′ 05.62″, E 49° 17′ 29.52″, 해발 619m (앰버산국립공원 내 안툼부카바오밥)

앰버산국립공원 내에 있는 안툼부카바오밥의 열매

유일하게 호주가 고향인

호주바오밥

호주바오밥은 호주 북서부 캐서린 지역에 주로 분포한다. 비교적 많은 개체들이
왈라비, 매미, 흰개미 등의 동물들과 함께 자라며, 개체수가 많아 멸종의 위험은
없다. 수형은 병형, 고려청자형, 꽃병형, 일자형 등 다양하다. 가지가 비교적 길게
나무 위로 발달하며, 수관이 크고, 수피의 색도 회색에서 갈색으로 다양하다. 잎
은 작은잎이 주로 5~9개이며, 작은잎의 끝이 갈고리 모양으로 길게 발달한 것이
아프리카 및 마다가스카르바오밥과 다르다. 꽃은 잎이 나오고 난 후인 10~12월
경에 흰색으로 피고, 열매는 12~4월에 성숙한다. 수술통은 반 정도 유합되었고,
열매의 껍질이 얇은 것이 특징이다. 먹을 수 있는 열매를 생산하나 수거는 제한적
이다.

호주 북서부 캐서린 지역 포크크릭 근처 초지에서 볼 수 있는 호주바오밥

호주 북서부 캐서린 지역 포크크릭 근처에서 볼 수 있는 호주바오밥과 흰개미집

호주바오밥

【학명】

Adansonia gregorii F. Mueller, (1857) Hooker's J. Bot. 9: 14.

【이명】

Adansonia gibbosa (A. Cunn.) Guymer ex D. Baum., (1995) Ann. Missouri Bot. Gard., 82:440~471.

Capparis gibbosa A. Cunn. in Heward, (1842) J. Bot. British and Foreign 4: 261.

Baobabus gregorii (Mueller) Kuntze, (1891) Rev. Gen. P1. 1: 67.

【일반명 및 지역명】

Australian baobab, Boab, Boabab, Bottle tree, Gadawon(Indiginous Australian)

*종소명 그레고리(*gregorii*)는 호주를 탐험한 영국 태생 호주 탐험가 찰스 그레고리(Charles Augustus Gregory, 1819~1905) 경을 기리기 위한 것이다.

다윈

팀버크릭
쿠누누라
더비 킴벌리

● 호주바오밥 서식지
● 주요지명

노던테리토리주

호주

웨스턴오스트레일리아주

시드니
캔버라

분 포

호주 특산종으로 호주 북부 노던테리토리(Northern Territory, NT)주의 캐서린 (Katherine)에서 팀버크릭(Timber Creek)에 이르는 지역, 웨스턴오스트레일리아 (Western Australia, WA)주의 킴벌리(Kimberley) 지역에 자생한다. 빅토리아고속도 로(Victoria Highway)를 따라 팀버크릭에서 서쪽으로 웨스턴오스트레일리아 경계 에 이르는 지역, 웨스턴오스트레일리아의 동쪽 경계에서 쿠누누라(Kununurra)—윈 담(Wyndham)에 이르는 지역, 깁리버로드(Gibb River Road)를 따라 윈담에서 더비 (Derby)에 이르는 지역에 높은 밀도로 존재한다. 특히 인구 6,000명 정도의 쿠누누 라 도시 주변에서 흔하게 볼 수 있다. 니트미룩(Nitmiluk), 그레고리(Gregory), 디프 크릭(Deep Creek), 드리스데일강(Drysdale River), 키노레오폴드산맥(Kino Leopold Range) 국립공원 내에서 흔히 볼 수 있다.

줄기 아랫부분이 산불에 그을린 호주바오밥. 호주바오밥 자생지에서 산불은 생태계의 주요한 환경요인이며 주기적으로 발생한다.

기후와 식생

호주바오밥은 주로 사질토양, 자갈토양 등에 자라고 초지식생이나 유칼리나무, 아카시아나무, 병솔나무 등과 함께 자란다. 호주바오밥이 주로 자라는 지역은 연간강수량이 600~1,000mm 정도 된다. 우기와 건기가 뚜렷하여 건기는 주로 4~11월로 기온이 비교적 온화한 편이고, 우기는 주로 12~3월이며 매우 덥다. 호주바오밥은 건기에 잎이 떨어지고, 우기가 시작되는 11~12월부터 잎이 나오고 꽃이 피며 열매가 성숙한다. 특히 바오밥이 주로 분포하는 지역은 건기에 산불이 빈번하게 발생하는 곳으로, 바오밥 나무, 유칼리나무, 아카시아나무 등은 산불이 지나가도 수피만 그을릴 뿐 죽지 않는다. 그 예로 필자는 최근 산불이 난 지역에서 수간의 아랫부분 수피가 검게 그을린 바오밥 나무들을 자주 볼 수 있었다. 또한 바오밥 나무가 분포하는 일부 지역에서는 흰개미집도 자주 볼 수 있었다.

수형과 수피

호주바오밥의 수형은 생장점이 가지 끝에 있으므로 곧추서서 자라고 주 줄기는 원통형이고 끝에 가지가 무성하게 자라는 것이 일반적이다. 하지만 자라는 토양환경, 환경변화, 생장점에 미치는 기후여건에 따라서 매우 다양하게 변형되었다. 일반적으로 건조한 환경에 자라는 것일수록 원통형, 병형, 가운데가 옴폭한 콜라병형, 고려청

호주바오밥의 다양한 수형 01 원통형 줄기 02 병형 줄기 03 고려청자형 줄기

호주바오밥의 다양한 수형 01 끝이 잘린 줄기 02 두 갈래로 갈라진 줄기 03 세 갈래로 갈라진 줄기
04 대칭으로 갈라진 줄기 05 비대칭으로 갈라진 줄기 06 수평으로 가지를 친 줄기

자형 등이 흔하고, 개천가나 비교적 수분이 많은 곳에 자라는 개체는 일반적인 나무
의 수형으로 자라기도 한다. 주 줄기의 높이도 매우 낮은 것에서 10여 m에 이르는
나무가 있고, 가지까지 고려할 경우 20~30여 m에 달한다. 그러나 생장 과정에 태풍
이나 돌풍과 같은 이상기후에 의하여 생장점이 영향을 받을 경우 여러 유형으로 가
지가 나뉘게 된다. 따라서 주요 줄기 외에 여러 가지가 갈리는 유형, 비스듬하게 갈
라지는 유형, 주 줄기에 곁가지가 아래에서 발달하는 경우, 위에서 발달하는 경우,
그리고 주 줄기가 대칭으로 나뉘는 유형 등 다양한 유형이 존재한다. 팀버크릭에서

윈담 사이의 약 300km 고속도로 구간의 좌우에서 매우 다양한 수형을 관찰할 수 있다. 또한 수피의 색깔도 연령대와 생육 토양환경에 따라 흰색, 회색, 갈색, 진한 갈색, 가끔은 붉은색 등 매우 다양하게 나타난다.

연 령

호주바오밥은 건조에 대한 내성이 강하고 유모 성장속도는 비교적 빠르나 성숙한 나무는 천천히 성장하며 2,000년 이상 생존하는 것으로 보고되어 있다. 그러나 현재까지 연대추정이 진행된 호주의 자생지에 살아있는 오래된 나무들은 대부분 수령이 500~1,000년 이내인 것으로 알려졌다.

어린 호주바오밥 나무들

01 잎 앞면과 뒷면 02 잎자루와 주맥 03 꽃봉오리

식물의 특징

줄기

건기에 잎이 떨어지는(호주의 자생지에서 잎은 우기가 시작되는 11월경부터 발달하며, 건기인 5~6월경에 떨어짐) 낙엽활엽교목으로 높이 20~30여 m에 달한다. 줄기는 물을 저장할 수 있도록 비후되었고 원통-병 모양을 이루며 표면은 회색-갈색이다.

잎

손바닥 모양으로 갈라지는 장상복엽이며, 어긋나게 달리지만 주로 가지 끝에 속생한다. 잎자루는 길이 5~12cm 정도이며, 가로단면이 아래쪽은 둥글고 위쪽은 편평한 반원형이다. 작은잎은 5~8개(주로 7개)로 가운데 작은잎이 가장 크고, 아래쪽 작은잎이 가장 작다. 작은잎자루는 없거나 짧다. 작은잎은 도피침형으로 길이 6.5~12cm(주로 8~10cm), 폭 2.5~4.5cm 정도로 위쪽에서 1/2~1/3 사이가 가장 넓다. 엽정은 점첨두, 엽저는 유저, 엽연은 전연이다. 잎의 상부는 녹색, 하부는 회녹색, 주맥은 잎 하부로 융기하며, 측맥은 어긋난다. 턱잎은 좁은 삼각형으로 길이 0.5cm 정도이고, 끝이 뾰족하며 일찍 떨어진다. 정아와 어린 가지는 회색 견모로 싸여 있다.

꽃

가지 끝의 엽액에서 하나씩 발달한다. 지름 0.5cm의 꽃봉오리는 점진적으로 길게 신장하여 자라는데 4일 정도 걸리고 신장하는 꽃봉오리는 연녹색의 꽃받침에 싸여 있다. 꽃받침의 끝이 벌어지면서 흰색-크림색 꽃잎이 보일 때 꽃봉오리의 길이는 8~10cm, 지름 1cm 정도이다. 꽃자루는 길이 3~7cm, 아랫부분은 지름 0.5cm 정도, 윗부분은 지름 1cm 정도이고, 중간에 피목 같은 결절들이 있으며 녹색이다. 꽃잎은

01-03 꽃

해질 무렵 꽃받침을 뚫고 나오기 시작하여 같은 날 저녁과 이튿날 아침 사이에 완전히 개화한다. 꽃받침은 길이 8~12cm(보통 10cm 이내), 폭 1.6cm, 보통 2열로 부등하게 개열한다(5개의 꽃받침으로 볼 때 보통 2+3 또는 1+4 정도의 면적으로 부등 개열). 처음에는 직립하지만 시간이 지나면서 서서히 밖으로 반곡하여 기저부에 스프링 모양으로 감기게 된다. 안쪽은 회녹색으로 비단 같은 견모가 밀생한다. 꽃잎은 주걱 모양으로 위쪽이 넓으며, 길고 평행하게 발달한 맥을 볼 수 있다. 꽃잎은 5장이고 각각 길이 10~13cm, 폭 3.5cm이며, 꽃잎의 기저부는 수술대 하부에 유합되었다. 꽃잎 끝의 바깥쪽은 견모가 일부 밀생한다. 꽃은 처음에는 흰색-크림색이지만 시간이 지나면서 노란색을 띠다가 떨어질 때는 약간 갈색을 띤다. 수술대는 흰색이고 길이 8~12cm 정도이며, 수술대 기저부는 하나의 원통으로 유합되었고, 유합된 원통 부분은 길이 4~6cm, 지름 0.8cm이며, 바깥쪽에 흰색 털이 있다. 수술대 상부는 250~400개(보통 300여 개)로 가늘게 이생하고, 이생하는 부분은 길이 5~6.5cm이며, 끝에 노란색의 꽃밥이 달려 있다. 암술은 수술보다 약간 길며 길이 8.5~12.5cm 정도이고, 암술대 끝의 암술머리는 2~5열로 나뉘며 약간 비후하였고 스폰지질이다. 자방과 만나는 암술대의 하부는 연갈색의 털이 밀생하고, 자방은 원형-타원형으로 연녹색이고 짧은 견모가 밀생한다. 꽃은 주로 하늘을 향해 개화한다. 수술과 유합한 꽃잎은 개화 3일째에 꽃에서 탈락하는데 암술대 끝부분에 걸쳐 있는 갈변한 꽃잎과 수술의 유합 부위를 종종 볼 수 있다. 탈락한 꽃잎과 수술의 유합 부위는 건조하면서 갈색-적갈색을 띠며 개화 직후 나무의 주변에서 흔히 관찰할 수 있다. 꽃받침은 갈색으로 말라서 열매가 거의 성장할 때까지 남아 있으나, 열매가 성숙하면서 점진적으로 탈락한다. 암술대도 갈색으로 말라서 성숙하는 열매에 붙어 있으나 점진적으로 열매가 성숙하면서 탈락한다. 자생지에서 꽃은 주로 우기가 시작되면서 잎이 나오면서 피거

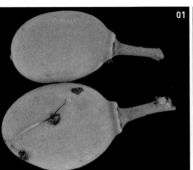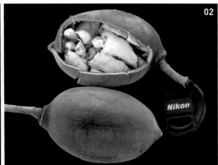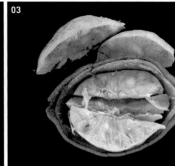

나, 잎이 나온 후 피는데 주로 11~12월 사이에 개화한다.

열매

원형-타원체형으로 암술머리가 붙었던 끝부분이 약간 뾰족하고, 길이 9~17cm, 지름 6~12cm 정도이다. 꽃이 하늘을 향해 피므로 열매도 원래 하늘을 향하나, 열매가 성숙하면서 땅 쪽으로 처진다. 발달하는 열매는 연한 녹색이지만 익은 열매는 연한 갈색으로 표면에 짧은 갈색 견모가 밀생한다. 수정 후 열매는 비교적 빠른 속도로 성숙하여 개화 후 2~3개월 지나면 완전히 성숙한다. 열매는 성숙하면 열매자루와 함께 나무에서 떨어지며 열매자루의 길이는 4~8cm, 지름 0.8cm 정도이다. 열매껍질은 두께 0.3~0.5cm로 단단하지만 내리칠 경우 쉽게 부서진다. 종자를 둘러싼 종의층은 흰색이고 주로 길게 5~6실로 구성되며, 종자는 신장형으로 길이 1~1.2cm, 폭 0.8cm 정도이다. 종자를 둘러싼 흰색 종의층은 마르기 전에는 주스를 제조할 수 있으며, 마른 전분은 그대로 먹을 수 있는데 약간 구수한 맛이다. 종자는 암갈색-검은색, 대부분이 떡잎 부위로 구성되며 떡잎은 종자 안에 여러 차례 접혀서 존재한다.

유모

뿌리의 주근은 약간 비후되어 어린 당근 뿌리 같으며 가는 측근이 발달한다. 떡잎은 원형으로 지름 3~4cm로 큰 편이고, 짧은 잎자루로부터 3~5개의 엽맥이 장상으로 발달한다. 유축이 신장하면서 처음 나오는 잎은 주로 하나의 잎몸을 가지지만, 두번째 잎은 주로 3개의 작은잎으로 구성되며, 위로 갈수록 5개의 잎몸을 가진 잎이 점진적으로 발달한다. 턱잎은 좁은 삼각상이고 일찍 떨어진다.

이 용

매미, 흰개미, 왈라비 등과 함께하는 호주바오밥

호주바오밥 근처에는 함께 살아가는 다양한 동물들이 있다. 팀버크릭에서 쿠누누라 사이의 호주바오밥 자생지에서는 왈라비를 자주 볼 수 있다. 왈라비들이 바오밥 나무를 중심으로 자신의 영역을 표시하고 살아가는 것으로 보인다. 또한 호주바오밥 초지에서는 많은 흰개미집을 볼 수 있다. 흰개미들이 땅 위로 높이 집을 짓는 것은 무더운 여름에 비로 침수되는 것을 방지하고, 더운 공기를 환기시켜 내부의 적정 온도를 유지시키기 위한 방법이라고 한다. 또한 호주바오밥이 자생하는 토양에서 대량의 매미들의 유충이 생존하는데 이들은 때가 되면 호주바오밥으로 기어 올라가 호주바오밥에서 우화하여 허물을 벗고, 우렁차게 울면서 짝짓기를 하고 생을 마감한다. 매년 여름인 12월이면 호주바오밥 줄기에서 많은 수의 매미허물을 볼 수 있고 시끄러운 매미소리를 들을 수 있다. 이렇듯 호주바오밥은 이곳 생태계에서 매우 중요한 핵심종(keystone species)인 셈이다.

인간과 함께하는 호주바오밥

호주바오밥들이 자생하는 지역에 살았던 원주민들은 바오밥의 과실을 이용하여 주스를 만들고, 종의층의 전분, 또는 종의층과 종자를 함께 갈아서 식용한 것으로 보인다. 오래된 호주바오밥은 그늘을 만들어 원주민들의 모임장소로도 이용되었다. 19~20세기 호주 북부 지역의 탐험가나 개척자들은 호주바오밥을 표지식물로, 탐험기지로 사용하였는데 당시에 날짜와 이름들을 줄기에 새겨놓은 것들이 아직도 남아있다. 또한 오래된 호주바오밥 줄기의 빈 공간은 사람들의 피난처나 죄수를 가두는 용도로도 이용되었다고 전해 내려온다. 최근에는 열매를 조각이나 공예품으로 가공하여 관광객들에게 판매하기도 한다. 호주의 식품회사 중 하나는 바오밥 인스턴트주스, 열매가루 믹스 등을 상품화하여 판매하고 있다.

바오밥 열매로 만든 다양한 제품

생김새가 특이한 호주바오밥

호주바오밥은 줄기의 모양이 원통형-병형으로 특이하고 꽃도 크고 아름다워 자생지 부근의 도시에서는 가로수, 정원수 또는 공원 풍치수로 심고 있다. 적절하게 잘 가꾼 가로수는 도시의 품격을 높여줄 수 있는데, 쿠누누라에서 이러한 아름다운 수형의 호주바오밥 가로수를 볼 수 있다. 또한 꽃은 많은 양의 꿀을 분비하여 저녁에 박쥐를 유인하고 낮에는 많은 벌들을 유인하므로 생태계에서 중요한 역할을 한다. 또한 떨어진 열매는 인간뿐 아니라 여러 동물의 먹이가 된다.

01 호주바오밥 자생지에서 흔히 볼 수 있는 흰개미집 02 호주바오밥과 야자수로 조성한 쿠누누라의 가로수

01-02 얼룩말 암석지대에서 가장 큰 호주바오밥 나무와 줄기에 난 구멍

⋀ 얼룩말 암석지대 바오밥 나무 Zebra Rock Baobab

쿠누누라 공항 쪽 얼룩말 암석지대(Zebra rock)에 있는 흉고지름 3.3m 정도의 큰 바오밥 나무이다. 줄기가 땅에 닿는 곳에 하나의 길쭉한 구멍이 있고 속은 비었다. 땅과 닿는 부위보다는 높이 2m 지점의 지름이 가장 크다. 주변 민가 근처에도 다양한 연령대의 바오밥 나무가 여러 그루 있으며, 아마도 이 나무의 후손일 것으로 추정된다.

GPS좌표 S 15° 47' 40.66", E 128° 41' 22.31", 해발 76m

⋁ 난쟁이바오밥 Dwarf Baobabs

쿠누누라 쪽으로 연결되는 빅토리아고속도로와 윈담-할스크릭(Halls Creek) 쪽으로 연결되는 그레이트노던고속도로가 윈담 쪽에서 만난다. 이 기점에서 윈담 쪽으로 5km 정도 더 가면 왼쪽에 깁리버윈담로드(Gibb River Wyndham Road)로 가는 비포장도로 갈림길이 나타난다. 여기서 고속도로로 500m 정도 더 가다 보면 오른쪽 초지에 키가 매우 작은 바오밥 나무를 세 그루 볼 수 있다. 필자는 이 바오밥 나무들을 난쟁이바오밥이라 부르고 싶다. 주 줄기의 키는 작지만 무성한 가지를 갖고 있는 이 개체들은 매우 건강하다.

01-02 주 줄기가 매우 짧은 난쟁이바오밥 나무들

1855년 7월 2일 이라는 글자가 새겨져 있는 그레고리바오밥

01 토마스 베인스가 그레고리바오밥 줄기에 새긴 연도 02 그레고리바오밥에 달린 열매 03 주변에서 자라는 어린 나무

≪ 그레고리바오밥 Gregory's Tree, 원주민들은 Ngaliubinggag라 부름

캐서린에서 빅토리아고속도로를 타고 서쪽으로 3시간 정도 달리면 그레고리국립공원(Gregory National Park) 본부가 있는 팀버크릭 동네에 다다른다. 팀버크릭에서 서쪽으로 19km 정도 더 가다 보면 '그레고리나무(Gregory Tree) 3.5km'라는 사인이 길 오른쪽으로 있다. 여기에서 비포장도로로 3.5km 정도 북쪽으로 이동하면 'Ngalibinggag Walk' 사인이 나오고, 이로부터 250m 정도 걸어들어 가면 펜스로 싸인 그레고리바오밥이 나타난다. 이 나무는 찰스 그레고리(Charles Augustus Gregory) 경이 이끄는 탐험대가 이 지역을 1855~1856년에 걸쳐서 탐험하였을 때 전진캠프로 삼았던 곳으로, 이 나무를 전진캠프의 지표목으로 이용하였다. 팀원으로 함께 탐험에 참여한 식물학자인 페르디난드 폰 뮐러(Ferdinand von Mueller, 독일 태생 호주 정착 식물학자, 1825~1896)가 아마도 이 나무에서 꽃이 핀 표본을 채집하였고, 이를 기준으로 탐험대장인 그레고리의 이름을 따서 1857년 학명을 발표한 것으로 생각된다. 따라서 이 나무는 호주바오밥의 기준이 되는 나무이다. 나무의 줄기 중상부에 '1855. July 2nd.'라는 글씨가 선명하게 새겨져 있는데, 이는 탐험대의 예술가 토마스 베인스(Thomas Baines, 영국 화가, 1820~1875)가 그 당시에 새겨 현재까지 남아 있는 것이다. 그 아래쪽에도 후대의 여러 사람들이 새긴 것으로 보이는 여러 글자가 남아 있다. 이 나무의 수령은 1,000년 이내로 추정되는데 아직도 매우 건강해 보인다. 필자가 2013년 12월 19일 이 나무를 찾아갔을 때는 꽃이 지고 열매가 한창 성숙 중이었고, 강 쪽으로 가지가 많이 번성한 상태였다. 이 나무의 바로 아래쪽에 두 그루의 어린 나무가 함께 철조망으로 보호되고 있는데, 이는 후손 나무로 생각된다. 또한 이 나무를 중심으로 반경 100m 이내의 지역에 여러 그루의 크고 작은 호주바오밥 나무들이 자라고 있다.

GPS좌표 S 15° 33' 57.31", E 130° 22' 05.01"

원담 죄수나무 전경. 수관의 지름이 30여 m에 이른다.

⋀ 원담 죄수나무 Wyndham Prision Tree

쿠누누라에서 원담으로 가다 보면 원담 도착 6km 이전에, 세븐마일공동묘지(Seven Mile Cemetery)와 원담공항이 나온다. 이들 지역 1km 전에 왼쪽 방향(원담 쪽에서 오른쪽 방향)으로 비포장길이 나오는데 이 길이 킹리버로드(King River Road)이다. 입구에 '무짜라브라댐(Moochalabra Dam) 20km', '킹리버횡단(King River Crossing) 24km', '죄수나무(Prison Tree) 25km' 등의 표시판이 나온다. 이 표시판에서부터 비포장길을 따라(길 상태가 안 좋으므로 4륜구동 또는 SUV 같은 차체가 높은 2륜구동의 차를 이용해야 한다.) 20km 정도 가다 보면 왼쪽으로 무짜라브라댐으로 갈리는 길이 나오고, 직진 방향으로 '죄수나무 4.6km' 사인이 있다. 사인을 따라 4km 정도 더 가면 얕은 강(King River)이 나오고 강을 건너면 바로 언덕배기의 오른쪽으로 죄수나무를 볼 수 있다. 이 나무는 주변에서 가장 큰 나무로, 흉고둘레가 11.2m 정도(흉고지름 3.5m 정도)이고, 동쪽 방향으로 큰 구멍이 있다. 구멍 안쪽을 들여다보면 넓은 홀을 볼 수 있는데 사람 몇 명이 들어갈 수 있는 공간이 된다. 과거에 죄수들을 데리고 이동하다가 밤에는 이곳에 가두었다가 다시 데리고 이동했다고 하여 죄수나무(Prision Tree)라고 부르게 되었다고 한다. 그러나 실제 그런 용도로 이용하였는지는 불명확하다. 나무의 주 줄기에 여러 사람의 이름 또는 이름 약자들이 새겨져 있다. 이 나무는 수령이 1,000년 이상일 것으로 추정되지만 아직도 건강하여 매년 꽃이 피고 열매를 맺는다. 필자가 2013년 12월 21일 이 나무를 찾아갔을 때 꽃은 이미 지고 열매가 성숙하고 있었으며 잎도 한창 성숙하는 단계였다. 주변에 이 나무의 후손으로 보이는 비교적 큰 나무가 세 그루 있다.

GPS좌표 S 15° 47' 40.66", E 128° 41' 22.31"

01-02 초지바오밥 중 가장 큰 나무와 그 주 줄기에 새겨진 글자들

⋀ 초지바오밥 Grassland Baobabs

쿠누누라에서 팀버크릭 쪽으로 가다가 팀버크릭 129~130km 이전 거리 표시 지점 사이에 잘 발달된 초지가 있다. 이곳에 비교적 오래된 몇 그루의 바오밥 나무들이 꿋꿋이 서 있다. 물론 바오밥 나무들이 초지에 주로 생육하지만 필자는 이 지역의 초지가 주변 식생과는 쉽게 구별되어 이곳의 바오밥 나무들을 초지바오밥이라 명명했다. 이 중 큰 나무는 흉고둘레 6.7m 정도이고, 줄기에 '2001, Andrew, Tracy, JOKEN' 등 많은 글씨가 새겨져 있다. 이곳 도로 오른쪽에 붉은 암석들로 구성된 언덕이 있다.

03-04 초지바오밥 지역에서 볼 수 있는 다양한 수형의 바오밥 나무들

더비 죄수나무 Derby Prison Tree

윈담 죄수나무와 같이 나무 가운데에 길쭉한 구멍이 있고 가운데가 비어서, 1890년대에 원주민 죄수들을 더비(Derby)로 데리고 가다가 일시적으로 가두었다는 데서 이름이 유래하였다. 호주 서부 도시인 더비 남쪽에 위치하며, 이 나무 생육지는 관광지가 되어 나무를 보호하기 위하여 낮은 펜스를 쳐 놓은 상태이다. 필자는 아직 이 나무를 직접 찾아가 보지 못하였다.

기자주무루 Gija Jumulu

쿠누누라 남쪽 워문(Warmun) 지역에 자생하던 나무로, 그레이트노던고속도로(Great Northern Highway)를 건설하면서 제거해야 했다. 그래서 2008년 7월 20일 퍼스(Perth)의 킹스공원(Kings Park)으로 옮겨 식재한 것이다. 수령은 750년으로 측정되었으며 무게는 36톤에 달하고, 자생지에서 3,200km를 이동시켜 자생지 밖으로 이식하였다. 원 자생지인 워문에 사는 원주민들의 이름이 기자(Gija)이고 이들이 바오밥 나무를 주무루(Jumulu)라 부르므로 이를 합성하여 기자주무루라 부른다. 킹스공원에 이식하면서 가지가 상해를 입어 일부를 잘라냈으나 빠르게 수세를 회복해 나가는 것으로 보인다.

∀ 팀버크릭의 바오밥 나무들 Timber Creek Baobabs

캐서린에서 빅토리아고속도로를 타고 쿠누누라 방향으로 가는 길에서, 팀버크릭 10km 이전 지점 왼쪽으로 그레고리국립공원 부리타 지역(Bullita Access) 갈림길 표지판이 개천 쪽으로 있고, 오른쪽으로 아일랜드 이민자들의 정착 기념비인 듀락기념비(Durack Monumnent)가 있다. 그레고리국립공원 부리타 지역으로 들어가는 입구의 개천에 비교적 큰 다섯 그루의 바오밥 나무를 볼 수 있다. 또한 주변에는 작은 개체들이 여러 그루 더 보인다. 가장 큰 나무는 숲 안쪽에 위치하며, 'HE LEHUNES 1900'라는 글씨가 줄기에 새겨진 나무로 흉고둘레가 8.8m이다. 두번째 큰 나무는 길가에 있는 나무로, 'Tyson' 이름이 새겨진 수형이 병 모양의 나무로 흉고둘레가 6.7m 정도이다. 세번째 큰 나무는 길가 초입 왼쪽에 있는 나무로 줄기에 'KW, 1883' 등의 글자가 새겨져 있고, 흉고둘레가 6.4m 정도였다. 필자가 찾아간 2013년 12월 19일과 22일에는 많은 매미의 허물들이 줄기에 남아 있었고, 매미의 울음소리가 바오밥 나무에서 우렁차게 퍼졌다. 꽃은 이미 1개월 전에 진 것으로 추정되고, 열매는 발달 초기에서 거의 성숙한 것까지 다양한 성숙 단계에 있었으며, 잎은 대부분 성숙한 잎으로 발달한 상태였다.

GPS좌표 S 15° 44' 20.69", E 130° 30' 28.98", 해발 58m (그레고리국립공원 부리타 지역 갈림길 표지판)

팀버크릭의 바오밥 나무들 01 줄기에 남겨진 매미 허물 02 열매 03 팀버크릭에서 가장 큰 호주바오밥 줄기에 새겨진 글자

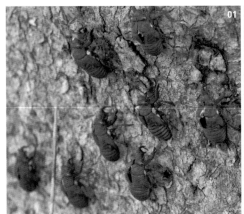

팀버크릭에서 가장 큰 호주바오밥

팀버크릭의 바오밥 나무들 04 Tyson 이름이 새겨진 병 모양의 나무 05 수고가 낮은 나무 06 수고가 높은 나무

세계의 바오밥

∨ 쿠누누라공원의 바오밥 나무 Kununurra Park Baobab

쿠누누라는 인구 6,000명 정도가 사는 작은 농촌의 도시이다. 이 도시를 통과하는 빅토리아고속도로 주변에 조성된 공원 및 민가에는 공원수, 정원수 또는 가로수로 바오밥 나무가 많이 식재되어 있어 다양한 연령대의 바오밥 나무를 볼 수 있다. 필자가 생각하기에 민가와 가장 가까운 곳에서 가장 쉽게 호주바오밥의 꽃, 열매, 수형 등을 관찰할 수 있는 적지가 쿠누누라일 것으로 판단된다. 필자는 쿠누누라를 방문한 2013년 12월 19일과 21일 사이에 이 지역에서 꽃, 열매, 잎 등의 성숙 단계가 다른 다양한 호주바오밥을 모두 볼 수 있었다. 이 중에서도 팀버크릭 쪽에서 쿠누누라로 들어오는 초입의 왼쪽에 큰 나무 한 그루가 서 있는데, 이 나무는 수령이 수백 년으로 추정되며 흉고둘레가 9.6m이고, 줄기는 끝에서 여러 가지를 분지한다(아래 사진). 주변의 공원에 여러 그루의 어린 나무들이 있다. 쿠누누라 지역은 팀버크릭 지역보다는 개화기가 늦어서 일부 나무들은 현재 한창 꽃이 피는 개체들도 있었다. 이 큰 나무에서 50여 m 떨어진 쿠누누라 길가 킴벌리 그랜드 호텔(The Kimberley Grande Hotel) 앞의 호주바오밥 가로수도(야자나무들과 함께 조성) 매우 인상적이다(오른쪽 사진).

쿠누누라공원에서 가장 큰 호주바오밥

쿠누누라공원 내(킴벌리 그랜드 호텔)에 있는 호주바오밥 가로수. 흰 꽃이 피었다.

5개의 주요 가지가 땅에서부터 나뉜 다지바오밥

⩓ **다지바오밥** Many Branched Baobab near Wyntham

그레이트노던고속도로를 따라 윈담 10km 전방쯤에 넓은 초지가 발달되어 있고 오른쪽에 큰 바오밥 나무가 두 그루 보인다. 길에서 초지 쪽으로 100m 걸어가면 밑에서 5개의 가지로 나뉜 고풍스런 자태의 바오밥 나무를 볼 수 있다. 원래는 한 그루지만 토양과 만나는 기저부에서 5개의 가지로 나뉘었는데 오른쪽 2개의 가지는 직립하고 왼쪽 3개의 가지는 약간 누운 형태이다. 아마도 수령은 족히 수백 년 이상일 것으로 보이며, 생장 초기에 자연재해에 의하여 생장점이 여러 개로 분할되어 생장한 것으로 보인다.

⩘ **포크크릭의 바오밥 나무들** Fork Creek Baobabs

그레이트노던고속도로를 따라 윈담에서 나오다 보면 15km쯤 지나 포크크릭(Fork Creek)이라 부르는 작은 개천과 작은 다리를 만난다. 이 개천의 오른편으로 바오밥 나무 군락지를 볼 수 있는데, 족히 100그루는 된다. 이곳의 바오밥 나무들은 수형이 직립하는 것, 두 팔 벌린 것, 가지를 친 것, 병 모양인 것 등 매우 다양하고, 수피도 흰색, 회색, 옅은 갈색, 짙은 갈색 등으로 다르며, 수령 또한 다양하다.

포크크릭의 바오밥 나무들

01-02 포크크릭에서 볼 수 있는 다양한 수형과
연령대의 바오밥 나무들

01 04 남성바오밥, 남성의 생식기와 유사한 곁가지 02 03 남성바오밥 인근의 또 다른 호주바오밥, 글자가 새겨진 줄기

⋀ 남성바오밥 Male Baobab

쿠누누라에서 팀버크릭 쪽으로 가다가 팀버크릭 50여 km 이전 지점으로 도로 오른쪽에서 볼 수 있는 바오밥 나무이다. 이 나무는 주 가지의 흉고둘레가 9.6m 정도이고, 밑으로 가지가 져서 솟구친 곁가지의 둘레는 3.6m 정도 된다. 곁가지의 솟구친 모양이 남자의 상징기관과 흡사하여 필자가 남성바오밥이라 불렀다. 같은 지역의 길 왼쪽에도 한 그루의 큰 바오밥 나무가 있으며 흉고둘레는 8.0m에 이르고, 길가에 있는 관계로 사람들이 새겨 넣은 글자가 많다 (LAURIE, 89, TONY, TG 등). 이 두 나무의 수령은 비슷할 것으로 생각된다.

GPS좌표 S 15° 42' 41.59", E 130° 07' 39.01", 해발 70m

⩔ 왈라비록 바오밥 나무 Wallaby Rock Baobab

쿠누누라에서 팀버크릭 쪽으로 가다가 팀버크릭 100여 km 이전 지점의 도로 오른쪽에 붉은 암석들로 구성된 언덕이 있고, 길 왼쪽으로 트럭 휴식 공간이 있다. 이 오른쪽 언덕에 수형이 다양한 바오밥 나무들이 있고, 주변 암석지대에 왈라비가 많이 생육한다. 그래서 필자는 이 지역을 왈라비록이라고 부르고 이곳에 자라는 바오밥 나무에 이름을 붙였다. 특히 암석 언덕 오른쪽으로 흉고둘레가 10.4m 정도 되는 오래된 나무가 있는데 이 나무의 수형은 옆으로 퍼진 넓은 병 모양이며, 나무 뒤쪽으로 네모난 구멍이 있으나 수피만 벗겨진 정도이다. 이 나무 주변의 암석지대에 수형이 병 모양 및 일자 모양인 비교적 젊은 바오밥 나무들이 여섯 그루 정도 보이고 뒤쪽의 암석 절벽지에 여러 그루의 바오밥 나무들이 분포한다.

GPS좌표　S 15° 59' 12.22", E 129° 30' 38.23", 해발 112m

왈라비록 지역에서 가장 오래된 호주바오밥

01 다윈시 우체국 앞 주차장에 있는 호주바오밥 02 다윈식물원에 있는 호주바오밥 어린 나무

⩘ 다윈시 바오밥 나무 Baobab in Darwin City

호주 노던테리토리주의 주도인 다윈시는 인구 13만 명 정도의 중소도시이다. 진화론의 창시자 다윈이 탔던 비글호의 2차 항해(선장: 로버트 피츠로이 Robert FitzRoy, 일정: 1831. 12. 27.~1836. 10. 2.) 때는 이곳을 방문하지 못했지만(비글호는 이 항해에서 호주의 남쪽 지역만 방문함), 3차 항해(선장: 존 위크햄 John Clements Wickham, 1798~1864) 때인 1839년 9월 9일에는 이곳에 정박하였다. 이때 다윈과 함께 2차 항해에 참가했고 3차 항해의 선장이었던 존 위크햄이 찰스 다윈을 기리기 위하여 이곳을 다윈항(Port Darwin)으로 명명하였고, 1869년 팔머스톤(Palmerston)이라 부르다 1911년부터 다윈이라 부르고 있다. 2차 세계대전 때 일본의 폭격을 받아 파괴된 후, 재건된 도시로 도시 주변에 2차 세계대전 유적지가 있고, 찰스다윈대학교, 찰스다윈국립공원, 다윈컨벤션센터, 다윈쇼핑몰 등 다윈 이름을 딴 지명이 눈에 띈다. 이 도시에는 100여 년 전에 심은 것으로 보이는 비교적 큰 호주바오밥이 시내 중심의 우체국 앞 주차장에 있다. 이 나무는 수형이 대칭이며 Y자 모양으로 갈라진 형태로 고령이 되면 아름다운 수형이 될 것으로 예견된다. 필자가 이 나무를 찾아간 2013년 12월 25일에는 공휴일이라 주차장에 차가 없고, 나무의 열매가 성숙하고 있었는데, 나무 밑에 걸인들이 잠을 잔 흔적이 있었다. 이 나무 외에도 다윈식물원에서 두 그루(한 그루는 수령 50여 년 이상, 다른 한 그루는 30여 년 정도)의 어린 호주바오밥을 볼 수 있었다.

⩘ 니트무룩바오밥 Nitmuluk Baobabs

캐서린시에서 동쪽으로 25km 정도에 아름다운 니트무룩국립공원(Nitmuluk National Park)이 위치한다. 이 공원의 관리사무소 인근의 주차장 및 탐방로에서 다섯 그루의 호주바오밥을 볼 수 있었다. 유람선을 타는 강가에서 가까운 주차장 인근의 바오밥 나무가 수형이 가장 아름답고 열매를 맺고 있어 여기에 소개한다. 이 나무는 비교적 젊은 나무로 수령이 30여 년 정도로 추정되며 식재한 것으로 보인다. 필자가 찾아간 2013년 12월 23일에는 꽃이 이미 졌고, 열매가 한창 성숙 중이었다. 이곳에서는 바오밥 나무를 뒤로하고 캐서린강을 따라 배를 타고 여행하면서 계곡의 지질학적 형성과정을 이해하고, 강가의 식물상과 동물상을 관찰하는 것도 매우 흥미롭다. 특히 강가에서 판다너스(*Pandanus* sp.), 메라루카(*Melaleuca* sp.), 고무나무류(*Ficus* sp.), 터미널리스(*Terminalis* sp.), 유칼리나무(*Eucaliptus* sp.) 등을 볼 수 있고, 악어, 왈라비, 박쥐 종류 등도 만나게 된다.

01-02 쌍지바오밥과 주 줄기

⋏ 쌍지바오밥 Two Branched Baobab near Wyntham

포크크릭 바오밥 군락지에서 쿠누누라 쪽으로 2km 정도 더 이동하다 보면 길 왼쪽으로 땅에서부터 두 갈래로 갈라져 비스듬하게 자란 큰 바오밥 나무를 만날 수 있다. 수형이나 연령으로 보아 오랜 세월과 험한 풍파, 기후변화를 견뎌낸 바오밥 나무인 것을 직감할 수 있다. 오른쪽으로 뻗은 큰 가지에는 여러 글자의 흔적들이 남아 있다. 흉고둘레로 보아 다지바오밥과 비슷한 연령대로 추정된다.

니트무룩바오밥 01-02 니트무룩국립공원 주차장 인근에서 볼 수 있는 활력이 좋은
호주바오밥과 그 열매(길이 12cm, 폭 8cm)

물통, 물병형의 줄기가 독특한

루브로스티파
바오밥

루브로스티파바오밥은 마다가스카르의 바오밥 중 줄기 모양이 물통, 물병형으로 통통하며 우기와 건기가 뚜렷한 지역에 잘 적응한 종으로, 툴레아-무룬다바 지역에서 흔히 볼 수 있다. 줄기는 적색-회적색이다. 바오밥 종 중 유일하게 잎의 가장자리에 톱니 모양의 거치가 있다. 꽃은 2~3월에 오렌지색 또는 노란색으로 피고, 꽃잎의 길이가 수술의 길이보다 짧은 것이 특징이다. 열매는 작으며 원형으로 6~7월에 결실하나 섬유질이 많고, 타마린 같이 신맛이 강하여 잘 이용하지 않는다. 지역 주민들은 포니바오밥이라 부른다. 루브로스티파바오밥은 그랑디디에바오밥 또는 자바오밥과 함께 분포하기도 한다. 체관섬유는 지붕 재료로 이용하거나 밧줄을 만드는 데 사용하기도 한다.

무룬다바에서 벨루-술-찌리비히나로 가는 길 묵밭 가장자리에 생존하는 루브로스티파바오밥 군집

개화한 루브로스티파바오밥 수관

루브로스티파바오밥

【학명】

Adansonia rubrostipa Jum. & H. Perrier, (1909) Matieres Grasses, 1909: 8.

【이명】

Adansonia fony var. *rubrostipa* (Jum. & H. Perrier) H. Perrier, (1952) Notul. Syst., 14: 300.

A. fony Baill ex H. Perrier, (1952) Notul. Syst. 14: 304.

*종소명 루브로스티파(*rubrostipa*)는 줄기가 붉다는 것을 의미한다.

● 루브로스티파바오밥 서식지
● 주요지명

수아라라

마하장가주

마다가스카르

● 안타나나리보

키린디국가숲

무룬다바

툴레아

툴레아주

이탐푸루

분 포

마다가스카르 서부의 툴레아(Tulear)주의 해안을 따라 주로 분포한다. 북쪽으로는
인접한 마하장가(Mahajanga)주 남서쪽에도 분포한다. 서쪽-서남쪽의 툴레아 주의
해안을 따라 남쪽으로는 이탐푸루(Itampolo), 북으로는 무룬다바 지역, 마하장가주
수아라라(Soalala)까지 분포한다. 해안선을 따라 내륙으로 100km 이내에 주로 분포
한다. 무룬다바 지역과 툴레아 지역이 서식밀도가 높다. 토양은 주로 사질토양에 분
포하며 가시가 있는 낙엽수림대, 또는 건조낙엽수림대에서 주로 나타난다.

주 로 볼 수 있 는 지 역

마다가스카르 툴레아주 툴레아에서 비포장도로로 1시간 정도 이동하면(30km 정도) 이파티-만기리해변(Ifaty-Mangily Beach) 지역이 나오는데, 이 일대의 가시가 많은 낙엽수림대에서 주로 볼 수 있다. 툴레아에서 건기에는 비포장도로로 4륜구동 차량을 이용하여 무룬다바까지 2일에 걸쳐 갈 수 있는데(실제 거리는 280km 이내), 이 비포장 길가 곳곳에서 루브로스티파바오밥을 볼 수 있다. 또한 무룬다바 바오밥거리에서 비포장길로 벨루-술-찌리비히나(Belo Sur Tsiribihina) 쪽으로 15km 이동하면 키린디국가숲(Kirindy National Forest)이 나온다. 이 숲의 10km 지역에 걸쳐 루브로스티파바오밥의 서식밀도가 매우 높으며, 일부 지역은 건조낙엽수림에서 우점종으로 분포한다.

식 물 의 특 징

줄기

높이 20~35m, 지름 5m에 이르는 낙엽교목으로 주로 원통형, 병형, 드물게 아래가 넓고 위가 약간 좁은 1개의 원통형 줄기를 형성하며, 바오밥 중 가장 뚱뚱한 바오밥이다. 1차 가지는 주 줄기 끝에서 불규칙하게 나뉘어져 수평 이상으로 둥근 수관이 형성된다. 몸통에서 가지가 나누어지는 부분이 잘록하게 축소된 특징이 있다. 수피는 적갈색으로 껍질이 벗겨진다.

01-03 루브로스티파바오밥의 다양한 수형

01 터진 줄기 표피 02 광합성을 하는 녹색의 어린 줄기 03 섬유를 제거한 줄기 04 어린 꽃봉오리
05 잎과 꽃봉오리 06 개화 직전의 성숙한 꽃봉오리 07 잎 앞면과 뒷면(거치가 있음)

잎

주로 가지 끝에 어긋나게 모여 달리는 장상복엽으로 작은잎의 수는 (3~)5장, 잎자루
는 연약하고, 길이 3~7cm, 지름 0.5~1mm, 무모이다. 턱잎은 선형으로 일찍 떨어진
다. 작은잎은 작은잎자루가 없으며, 중간의 작은잎이 가장 크며 타원형-장타원형으
로 길이는 4~6(~8)cm, 예두, 아래는 유저, 엽연은 거치연이다. 2차맥은 12~18쌍으로
아래쪽으로 뚜렷하다. 잎은 무모이다. 바오밥 종 중에서 잎이 가장 작고 가장자리에
톱니 같은 거치가 있다.

꽃

잎이 있는 2~4월에 개화하며, 꽃봉오리는 줄기 끝에 하늘 방향 또는 수평으로 1개가
직립하고, 신장된 원통형으로 성숙 시 길이 16~28cm, 지름 1.5~2.5cm에 이른다. 꽃
자루는 짧고 두꺼우며 길이 1~2.5cm, 지름 0.8cm이며 녹색이다. 꽃받침은 (3)~5개
로 나뉘고, 시간이 지나면서 뒤로 젖혀지면서 꼬이며 꽃의 위에서 기저부로 여러 번
감기는데 각 열편은 선형으로 길이 15~25cm, 폭 0.7~1.2cm이다. 꽃받침의 바깥쪽
은 황록색으로 조모가 밀생하고, 안쪽은 적색으로 견모가 밀생한다. 꽃받침통은 깊
이 1.5cm 정도이고 꽃잎 기부에 밀착하며, 환 모양의 비후화된 구조는 발달하지 않

01 여러 개의 꽃이 핀 나무 02 꽃

는다. 꽃잎과 수술의 유합 부위는 꽃받침통 안쪽에 밀접하게 부착된다. 꽃잎은 노란
색에서 황갈색, 수술보다 길이가 짧고, 수술과 함께 떨어진다. 꽃잎은 선형으로 길이
가 폭의 5~7배이며, 길이 12~16cm, 폭 1.5~2.5cm이다. 수술은 연노란색이고 수술
통은 아래쪽이 약간 넓고 끝 쪽이 좁으며, 수술통의 길이는 4~10cm, 지름 1~1.2cm
이다. 그 끝에 100~150개의 이생하는 짧은 수술대가 120도로 퍼져 달리는데 길이는
각각 10~12cm이고, 그 끝에 노란색의 꽃밥이 달린다. 안쪽 10~20개의 수술은 직립
하며 수술통 위 6cm 정도 더 유합되어 안쪽 통을 형성한다. 암술의 자방은 광구형-
깔때기형으로 높이 7.5mm, 지름 9.5mm 정도이고, 위쪽으로 향하는 황갈색 털이
밀생한다. 암술대는 적색으로 곧추서며, 시간이 지나면서 암갈색이 된다. 암술은 길
이 20~25cm로 점진적으로 끝이 가늘어지고 암술대 아랫부분은 견모가 위쪽으로 밀
생하며 위는 무모이고 꽃잎 및 수술과 함께 탈락한다. 암술머리는 적색으로 약간 신
장되었고, 불규칙적으로 5~8열로 짧게 갈라져서 벌어진다.

열매

구형으로 지름 10~13cm, 끝이 약간 뾰족하고, 꽃받침은 탈락하고, 열매껍질은 두께
4~5mm로, 적갈색의 짧은 털이 밀생한다. 열매껍질 안에 잘 발달한 긴 섬유층이 있
으며 안쪽에 흰색-크림색의 과육층이 종자를 둘러싼다. 종자는 신장형으로 납작하고
길이 1.2~1.6cm, 폭 0.8~1.2cm, 깊이 0.6~0.8cm이다. 발아 시 떡잎은 밖으로 나

고 신장형으로 지름 1.5~3cm 정도이다.

개화와 결실

잎은 우기가 시작되는 10월부터 나오기 시작하여 건기가 시작되는 이듬해 4월까지 달린다. 꽃은 2~4월에 걸쳐 개화하며, 열매는 건기가 끝나는 10~11월에 성숙한다.

염색체

2배체로 염색체 수는 88개이다.

다른 종과 구별되는 특징

루브로스티파바오밥은 자바오밥(*A. za*), 그랑디디에바오밥(*A. grandidieri*) 등과 동소적으로 분포할 수 있다. 그러나 루브로스티파바오밥은 잎의 가장자리에 톱니 같은 거치가 있고, 잎이 바오밥 중 가장 작고 작은잎이 5개여서 다른 종들과 쉽게 구분된다. 혹시 잎이 없더라도 줄기가 붉고 종잇장 같이 수피가 벗겨지며, 작은 가지의 껍질 안쪽이 녹색이고, 줄기 전체가 원통형 또는 병 모양으로 다른 바오밥과 쉽게 구별된다. 꽃이 있다면 루브로스티파바오밥은 꽃잎의 길이가 수술의 길이보다 짧고, 가운데 수술의 일부가 수술통 위까지 유합되어 있어서 쉽게 구별된다. 열매도 비교적 작고 원형이어서 두 종과는 다르다. 루브로스티파바오밥의 꽃은 꽃잎이 수술보다 짧아서 꽃잎이 수술 길이와 같거나 긴 다른 두 종과 구분이 쉽다.

01 열매가 많이 달린 나무 02 확대한 열매(주로 지름 10~12cm 정도)

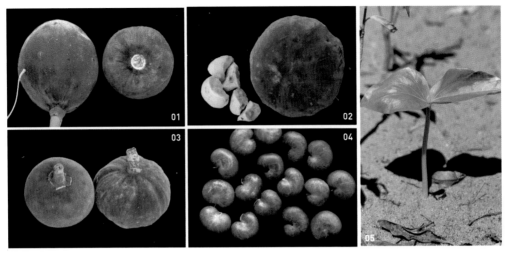

01 성숙 중인 열매 02 성숙한 열매
03 꽃받침이 남아 있는 그랑디디에바오밥 열매와 꽃받침이 없는 루브로스티파바오밥 열매
04 납작한 종자 05 종자에서 갓 발아한 유모(2개의 떡잎이 나옴)

이용

루브로스티파바오밥이 생육하는 일대의 주민들은 열매의 과육층 및 종자를 식용으로 이용할 수 있다. 또한 지역에 따라서는 어린 싹 전체를 나물로 이용하기도 한다. 그러나 다른 종들에 비하여 열매가 작고 신맛과 떫은맛이 강하여 이용하는 데 제한적이다. 줄기는 껍질을 벗겨 섬유층을 분리하여 여러 용도로 이용한다. 섬유층을 제거한 흔적이 여러 나무들에서 관찰된다.

보존

루브로스티파바오밥은 서쪽 해안선을 따라 널리 분포하고, 일부 지역에서는 우점종으로 나타나며 개체수도 많은 편으로 멸종의 위험성은 전혀 없다. 단지 국지적으로 서식지 파괴가 진행되고 있는 지역에선 그 진행을 막아야 한다. 다른 바오밥과 마찬가지로 루브로스티파바오밥도 리머류, 조류, 곤충류 등을 포함하여 여러 동물들에게 서식지를 제공하므로 생태계에서 매우 중요한 종이다.

ꕙ 루브로스티파 러브바오밥 Rubrostipa Love Baobab

키린디국가숲과 바오밥거리 중간 사이에 위치한다. 바오밥거리에서 좌회하여 접근이 가능한, 잘 알려진 러브바오밥은 자바오밥(A. za)이다. 그러나 여기 소개하는 러브바오밥은 종이 다른 루브로스티파바오밥이다. 키린디국가숲과 바오밥거리를 연결하는 비포장 도로상에서 홀리바오밥 마을과 가까운 곳에 위치한다. 홀리바오밥 마을에서 바오밥거리 쪽으로 약 800m 이동하다 보면 길가의 숲 가장자리에 종종 루브로스티파바오밥이 서 있고, Camp Amouureux 안내판을 볼 수 있다. 여기서 50m 정도 걸어 들어가면 숲속에 집이 보이고 두 그루의 루브로스티파바오밥을 볼 수 있다. 그 중 한 그루가 두 개의 가지가 서로 감기면서 하늘로 향하는 아름다운 모양을 이루어 이를 러브바오밥이라 한다. 바오밥거리 북서쪽의 자바오밥인 러브바오밥보다는 작지만 이 루브로스티파 러브바오밥은 하늘로 향하는 2개의 가지 모습이 보다 잘 조화를 이룬다. 필자가 찾아간 2월과 3월에 이 바오밥은 많은 수의 둥근 열매를 달고 있었다.

GPS좌표 S 20° 06′ 14.11″, E 44° 32′ 57.36″, 해발 32m

루브로스티파 러브바오밥 01 노란색 꽃(오래 전에 만들어진 잡종으로 추정) 02 전경(흉고지름 3m, 높이 25m)

01 **02**

01-03 레니라자연보존지구에서 볼 수 있는 다양한 수형의 루브로스티파바오밥 나무들 04 건기의 천년물통바오밥

⋀ 천년물통바오밥 Baobabs in Renila Nature Reserve

마다가스카르 서남쪽 해안도시 툴레아에서 비포장도로로 30km를 이동하면(1시간 이상 걸림), 해안 사구식생, 모래언덕 위의 마을들, 맹그로브 숲 등을 지나 휴양지로 유명한 이파티-만기리해변(Ifaty-Mangily Beaches) 지역이 나온다. 만기리해변 마을에서 북쪽으로 1.5km 더 비포장길로 간 뒤 오른쪽으로 500m 정도 내륙 쪽으로 들어가면 왼쪽에 방사무늬거북이보존연구소가 나오고, 여기서 200m 더 들어가면 레니라자연보존지구(Renila Nature Reserve)가 있다. 이 보존지구는 가시나무림과 바오밥 나무림(Spiny and Baobab Forests)으로 알려진 곳이며, 들어가는 길을 따라 원통 모양의 루브로스티파바오밥 여러 그루를 볼 수 있다. 거북이보존연구소 입구에도 큰 나무가 두 그루 있다. 레니라자연보존지구의 사무실에서 안내를 받아 이 지역을 돌아보면 다양한 모양의 루브로스티파바오밥을 볼 수 있다. 이 숲은 바오밥과 알로데아(Alodea, Didieraceae), 유포비아(Euphorbia, Euphorbiaceae) 등 가시가 많은 나무들이 숲을 이루는 지역이다. 이외에 살바도라(Salvadora), 코미포라(Comifora) 등의 식물이 주로 분포한다. 이 지역은 연간강수량이 500mm 정도이고 토양은 적색 사질토양이다. 그래서인지 이 지역의 루브로스티파바오밥은 원래 종소명과 같이 줄기 색깔이 붉다. 여러 바오밥 나무 중 최고령은 안내원에 의하면 1,500년생으로 추정되는데 모양이 물통같이 생겼다. 필자가 직접 측정한 흉고둘레는 12.9m(흉고지름 4.1m)로 아직도 건강하게 잘 자라고 있다. 이 나무 말고도 수령이 1,000년 이상으로 추정되는 나무가 두 그루 더 있다. 또한 줄기가 수평으로 나뉜 개체, 밑에서 곁가지가 발달한 개체 등 다양한 수형의 개체들이 있다. 더불어 바오밥과 유사한 줄기가 다육질로 뚱뚱한 콩과의 델로닉스(Delonix), 대극과의 기보티아(Givotia), 모링가(Moringa, Moringaceae), 박주가리과의 파키포디움(Pachypodium) 등도 함께 볼 수 있다. 이 보존지구에서는 루브로스티파바오밥만 볼 수 있고 주로 2~3월경에 개화한다. 우기인 개화시기에 찾아가 보니 대부분 꽃이 오렌지색이지만 흰색 개체도 일부 관찰되었다.

GPS좌표 S 23° 07' 35.22", E 43° 37' 23.28", 해발 28m(입구)

레니라자연보존지구에서 가장 오래된 천년물통바오밥(우기)

바오밥 순림의 루브로스티파바오밥 01 우기의 바오밥 순림 02 수술보다 길이가 짧은 꽃잎 03 열매

⋀ 바오밥 순림 Pure Baobab Forests

무룬다바 바오밥거리에서 벨루-술-찌리비히나로 가는 비포장길을 7km 정도 가다 보면 왼쪽으로 루브로스티파바오밥이 우점하는 초지-건조림을 만난다. 이곳은 여러 연령대의 바오밥 수백 그루가 높은 밀도로 분포하는 지역으로 칭기를 가거나 돌아올 때 시간이 되면 꼭 찾아볼 필요가 있는 지역이다. 필자는 이 지역을 우기와 건기에 수차례 들러 수형, 꽃, 열매 등의 특징뿐 아니라 농경지, 초지 및 바오밥 생태계의 상호작용을 관찰하였다.

GPS좌표 S 20° 11' 53.77", E 44° 25' 48.85", 해발 38m

⋁ 마하분지 마을 루브로스티파바오밥 공원 Rubrostipa Baobab Park in Mahabonji

마하분지 마을은 마다가스카르 서쪽 무룬다바 남쪽 해안마을 벨루-술-멜에서 10km 정도 남쪽에 위치하는 작은 농촌 마을이다. 이 마을의 주민 200여 명이 소규모 목축업으로 살아가는 가난한 마을로 특별한 것이 없다. 그러나 인근의 숲과 마을 중앙의 공원에 남아 있는 루브로스티파바오밥 군락지는 아름다운 바오밥의 결정체이다. 마을 중앙공원은 잘 관리되는 편이 아니지만 잡목들이 제거되어 루브로스티파바오밥 군락 모습을 감상하고 촬영하기에는 최고의 조건을 갖추고 있다. 이 지역에는 100~300년 연령으로 추정되는 100여 그루의 바오밥들이 즐비하게 늘어서 있다. 큰 나무는 흉고지름 2.1m, 높이 15m에 이른다. 관찰 시간에 따라 빛의 방향이 바뀌므로 여러 방향과 각도에서 루브로스티파바오밥을 관찰할 수 있다. 필자가 생각하기에 이 지역은 관리대책을 세워 잘 관리하면 관광객을 유치하기에 충분하다. 주변 숲에도 루브로스티파바오밥이 있으나 잡목들에 가려 전체를 보기에는 한계가 있다.

GPS좌표 S 20° 44' 59.54", E 44° 04' 09.80", 해발 5m

마하분지 마을 중앙공원 루브로스티파바오밥 군락지 서북쪽

01 루브로스티파바오밥 나무 위에서 쉬고 있는 베레욱스시파카(*Propithecus verreauxi*)
02 붉은얼굴갈색리머(*Lepilemur ruficaudatus*)

⋀ 키린디국가숲 바오밥 나무들 Baobabs in Kirindy National Forest with Sifaka

무룬다바 바오밥거리에서 비포장길로 벨루-술-찌리비히나로 18km 가다 보면 오른쪽에 키린디국가숲 입구 표시판을 볼 수 있다. 길 입구에서 8km를 더 들어가면 키린디국가숲 사무실이 나오고 여기서 안내를 받아 숲을 걸어서 관찰할 수 있다. 이 숲은 마다가스카르에서 가장 큰 상위 포식자인 푸사(Fossa, 사자와 유사한 동물)가 살고 있는 지역으로도 유명하다. 그러나 필자에게 가장 기억에 남는 것은 루브로스티파바오밥과 이 나무에서 가족을 이루며 거주하는 시파카였다. 시파카는 몸은 흰색, 얼굴은 검은색, 이마 위 머리털은 갈색인 원숭이로, 여러 그루의 루브로스티파바오밥에 각각 다른 가족들이 영역을 규정하고 살고 있다. 바오밥이 리머류의 거주지이자 초식성 시파카들에게 맛있는 잎과 꽃을 제공하는 것이다. 또한 더운 낮에는 그늘을 만들어 가지 밑의 그늘에 시파카들이 생활하는 터전을 제공한다. 또한 붉은얼굴갈색리머(Red fronted brown lemurs) 등도 여러 가족이 무리지어 살고 있으며 숲을 걷다 보면 자주 만날 수 있다. 이 리머류들은 루브로스티파바오밥 열매를 포함 다양한 식물류의 잎과 열매를 섭식한다. 키린디국가숲에는 연령대가 다양한 루브로스티파바오밥 나무들이 생육하는데 큰 나무는 800년 이상 되기도 하고, 500년, 300년, 유목 등 다양한 연령대의 루브로스티파바오밥을 볼 수 있다. 드물게는 자바오밥도 관찰할 수 있다. 800년으로 추정되는 루브로스티파바오밥은 무룬다바-키린디 지역에서 가장 크고 오래된 루브로스티파바오밥으로 생각되며, 필자가 직접 측정한 흉고둘레는 9.6m, 높이 23m 정도다(두번째 좌표). 주변에 다른 나무들이 같이 자라서 광각 렌즈를 이용하여도 사진 1장으로 담을 수는 없었다. 이 나무는 툴레아 지역의 천년물통바오밥보다 흉고지름은 작지만 키는 더 크다. 키린디국가숲에서 바오밥을 찾아 걷다 보면 아데니아(*Adenia*), 파키포디움(*Pachypodium*), 코미포라(*Comifora*), 델로닉스(*Delonix*), 달베르기아(*Dalbergia*), 테르미날리스(*Terminalis*), 네오베르기아(*Neobergia*) 등 다양한 식물들을 볼 수 있고, 난과식물도 최소한 5종 이상 볼 수 있다. 또한 이 지역은 식생이 잘 보존된 지역으로, 여러 곤충들도 있다. 우기 말이 되는 2~3월이면 다양한 종류의 나비들이 대발생하여 장관을 이루어 곤충 애호가들에게 낙원으로 평가받는다.

GPS좌표 S 20° 11' 53.74", E 44° 25' 48.83", 해발 20m (사무실)
 S 20° 04' 21.37", E 44° 40' 10.11", 해발 63m (가장 큰 나무)

01-02 키린디국가숲 내의 다양한 루브로스티파바오밥 나무들 03 키린디국가숲에서 볼 수 있는 남근 모양의
루브로스티파바오밥 줄기 04 키린디국가숲 내에서 가장 큰 루브로스티파바오밥

⅋ 찌안담바 루브로스티파바오밥 Tsiandamba Rubrostipa Baobab

마다가스카르 툴레아 북방 이파티-만기리(Ifaty-Mangily)에서 안다바두아카에 이르는 서쪽 해안 비포장도로(160km)를 따라 반사막성 해안사구식생(Spiny scrub forest)이 분포하는데 주로 디디에라(*Didiera*), 유포비아(*Euphorbia*), 코미포라(*Comifora*), 델로닉스(*Delonix*), 아카시아(*Acasia*) 등이 우점종으로 나타난다. 이 가시 달린 건조 관목림에 루브로스티파바오밥이 간간히 나타난다. 이 지역은 토양이 해안 사질토양이고 회색-갈색을 띠어서 주로 루브로스티파바오밥의 수피는 약간 붉은빛이 난다. 중간의 해변 마을인 사라리를 기점으로 점진적으로 루브로스티파바오밥의 밀도는 낮아지고 안다바두아카에 이를수록 그랑디디에바오밥의 밀도가 높아져 점점 그랑디디에바오밥 순림으로 변한다. 그러나 사라리 인근의 몇몇 지점에서는 두 종이 동소적으로 분포하기도 한다. 이 중 사라리 20km 이전의 작은 마을인 찌안담바 인근에 루브로스티파바오밥 군락지가 인상적이다. 이 지역에는 비포장 길을 따라 40여 그루의 루브로스티파바오밥이 관찰되며 인근 숲속에는 더 많은 개체들이 있다. 모두가 건조한 모래토양에 적응한 개체들로 몸통 끝이 병 모양으로 잘록하며 줄기는 붉다.

GPS좌표 S 22° 19' 17.91", E 43° 18' 08.42", 해발 7m

01 병 모양의 주 줄기와 잘록한 줄기에서 발달한 잔가지
02 찌안담바 인근 해안도로를 따라 사질토양에 분포하는 루브로스티파바오밥

∨ 사라리–안다바두아카 사이 루브로스티파바오밥
Rubrostipa Baobabs between Salary and Andavadoaka

앞에서 언급한 치안담바 인근 루브로스티파바오밥 분포 지역에서 더 북쪽으로 이동하면 해변마을인 사라리를 통과한다. 이 사라리에서 안다바두아카에 이르는 지역은 종종 그랑디디에바오밥과 루브로스티파바오밥이 같이 나타난다. 두 종은 수형이 다르고 꽃이 피는 시기도 다르다. 잎은 두 종 모두 비슷한 10월 말~11월 초에 발달하여 5월 중에 떨어진다. 잎이 있는 경우 루브로스티파바오밥은 잎 가장자리에 거치가 있으므로 거치가 없는 그랑디디에바오밥과는 쉽게 구분된다. 줄기는 루브로스티파바오밥이 더 병 모양에 가까워 원통형인 그랑디디에바오밥과 구별되지만, 수형이 변형된 경우 구별이 어려운 경우도 있다. 필자가 방문한 7월 중순에는 그랑디디에바오밥의 경우 아직 흰 꽃이 피어 있었고 어린 열매를 달고 있었다. 그러나 루브로스티파바오밥은 2~3월에 오렌지색 꽃이 피고, 방문했을 때는 열매가 성숙하거나 떨어진 상태였다. 그러나 많은 경우 꽃이 피지 않은 개체들과 열매가 없는 개체들이 혼재하여 구별이 어렵기도 하지만, 소지가 굵은 그랑디디에바오밥과 소지가 가는 루브로스티파바오밥의 구별이 전문가에게는 어렵지 않았다. 사라리와 안다바두아카 사이의 중간지점에는 비교적 오래된 루브로스티파바오밥들이 그랑디디에바오밥들과 가까운 거리에 자라고 있다.

GPS좌표　S 22° 15' 30.63", E 43° 18' 26.60", 해발 11m

01 사라리-안다바두아카 지역에서 가장 큰 루브로스티파바오밥(흉고지름 3.5m)
02 비포장 길가 모래토양에 서 있는 루브로스티파바오밥

붉게 핀 꽃이 매혹적인

마다가스카르
바오밥

마다가스카르바오밥은 마다가스카르 북부에서 북서부의 바닷가에 가까운 지역에
널리 분포한다. 디에고만과 프렌치산맥 지역에서는 종종 수아레즈바오밥과 같이
분포하기도 하나 줄기의 색, 꽃의 모양 및 피는 시기, 열매의 모양 및 성숙 시기로
쉽게 구분된다. 안카라나국립공원에서 가장 많은 개체들을 볼 수 있고, 북서부 마
하장가-디에고에 이르는 해안선의 산악 지역에서도 흔히 관찰되며, 디에고시 일
대에서는 가로수나 공원수로 심기도 한다. 줄기의 색은 자라는 토양에 따라 회색
에서 적색으로 다양하며, 강수량이 많은 곳에 적응하여 일반 나무와 유사한 수형
이다. 잎의 작은잎은 5~9개이다. 꽃은 잎이 달린 2~3월에 붉게 피고, 꽃봉오리
가 길게 자라나 곧추서며, 꽃은 꽃받침 안쪽, 꽃잎, 암술대가 모두 적색이고, 수술
통은 수술의 반까지 유합되었다. 열매는 주로 원형으로 작고, 7~8월에 성숙한다.
과육은 떫어서 수거하지 않는다.

마다가스카르 북쪽 끝 디에고-수아레즈 부근 프렌치산맥 남단 절벽에 자생하는 마다가스카르바오밥 군락.
이 지역에는 수아레즈바오밥과 마다가스카르바오밥이 동소적으로 분포한다.

디에고-수아레즈 시내에서 볼 수 있는 마다가스카르바오밥

마 다 가 스 카 르 바 오 밥

【학명】

Adansonia madagascariensis Baillon, (1876) Adansonia 11: 251.

【이명】

Baobabus madagascariensis (Baill.) Kuntze, (1891) Rev. Gen. Pl. 1: 67.

Adansonia bernieri Baill. ex Poisson, (1912) Rech. Fl. Merid. Madag., 20.

*종소명 마다가스카리엔시스(*madagascariensis*)는 마다가스카르산임을 의미한다.

분 포

마다가스카르 특산종으로 북부의 안치라나나(Antsiranana)주 및 북서부의 마하장가 (Mahajanga)주의 해안을 따라 100km 이내에 주로 분포한다. 습도가 어느 정도 유지 되는 낙엽수림에 나타나며 주로 석회암지대 또는 사질토양에 주로 자란다. 마하장가 주 서남쪽에서는 서식밀도가 낮으며 마하장가주와 안치라나나주의 경계에 가까운 마하장가주의 북쪽 마루만디아(Maromandia)에서 안치라나나주의 안치라나나 사이 의 해안선에 가까운 육지에서 종종 볼 수 있다.

01 수형 02 줄기의 피목

주 로 볼 수 있 는 지 역

마다가스카르 안치라나나주 안카라나국립공원(Ankarana National Park) 안의 낙엽
수림에서 거의 우점종으로 나타난다. 안카라나국립공원에는 매우 다양한 연령대의
마다가스카르바오밥이 남아 있다. 안카라나국립공원에서 6번 국도를 타고 마하장가
쪽으로 이동하다가 암바자(Ambanja) 부근의 농경지 부근에서도 볼 수 있다.

식 물 의 특 징

줄기

높이 20m, 지름 3m에 이르는 낙엽활엽교목으로 주로 아래쪽이 넓고 위쪽이 약간
좁은 원통형 줄기로 구성되지만 드물게 병 모양이 되기도 한다. 1차 가지는 주 줄기

끝에서 불규칙적으로 나뉘어 수평 이상-이하로 서며 불규칙적인 수관이 형성된다. 수피는 연한 회색이며 표면은 평활하다.

잎

주로 가지 끝에 어긋나게 모여 달리는 장상복엽으로 작은잎 수는 5~7장, 잎자루는 길이 6~12cm, 지름 1~2mm이다. 턱잎은 선형으로 일찍 떨어진다. 작은잎은 작은잎 자루가 거의 발달하지 않고 엽연이 날개같이 연결된다. 중간의 작은잎이 가장 크며 타원형-도피침형으로 길이 7~12cm, 폭 2~3cm, 1차맥과 8~16쌍의 2차맥이 잎 아래 쪽으로 돌출하고, 끝은 예두-둔두, 아래는 유저, 엽연은 전연이다. 잎은 무모이다.

01 새순 02 어린 잎 03 발달하는 잎 04 성숙한 잎
마다가스카르바오밥(왼쪽)과 수아레즈바오밥(오른쪽) 잎 비교 05 앞면 06 뒷면

01 꽃봉오리 02 꽃이 피는 가지 03 꽃 04 시들어가는 꽃 05 떨어진 꽃

꽃

잎이 달린 2~4월에 주로 개화하며, 꽃봉오리는 줄기 끝에 하늘 방향 또는 수평으로 1개가 직립하고, 길게 신장된 원통형으로 성숙 시 15~20cm의 길이로 황색-황록색이다. 꽃자루는 짧고 두꺼우며 길이 2~3cm, 지름 1cm이며, 아래쪽은 갈색, 위쪽은 녹색이다. 꽃받침은 (3)~5개로 나뉘고, 시간이 지나면서 뒤로 젖혀지며 꽃의 위에서 기저부로 여러 번 꼬이면서 감긴다. 각 열편은 길이 18cm, 폭 0.8~1.2cm이고, 바깥쪽은 연녹색-황록색으로 조모가 밀생하고, 안쪽은 암적색으로 견모가 밀생한다. 꽃받침통은 깊이 2cm 정도이고 꽃잎 기부에 밀착하며 환 모양으로 2~4mm 폭으로 비후된 컵 모양의 구조이다. 꽃잎과 수술의 유합 부위는 꽃받침통 안쪽에 밀접하게 부착된다. 꽃잎은 암적색(드물게 황갈색)으로, 수술보다는 길지만 암술보다는 짧고, 수술통, 암술대와 함께 떨어진다. 꽃잎은 선형으로 길이가 폭의 10배 이상으로 길며, 길이 15~20cm, 폭 0.8~1.5cm이다. 수술은 연노란색이고 수술통은 아래쪽이 약간 넓고 끝 쪽이 좁으며, 수술통의 길이는 5~6cm, 지름 0.8~1.5cm이고, 그 끝에 90~100개의 이생하는 짧은 수술대가 120도로 퍼져 달리는데 길이는 각각 7~13cm이고, 그 끝에 노란색의 꽃밥이 달린다. 암술의 자방은 난형-깔때기형으로 높이 1cm

01 꽃이 탈락하고 발달하기 시작한 어린 열매 02 성숙 중인 열매 03 다양한 모양의 열매 04 열매 가로단면 05 과육과 종자

정도이고, 위쪽으로 향하는 갈색 털이 밀생한다. 암술대는 암적색(기저부는 적색이 약함)으로 곧추서거나 끝이 약간 굽고, 수술통보다 약간 길어서 꽃 밖으로 도출되며, 전체 길이는 16~22cm이다. 암술대 아랫부분은 견모가 위쪽 방향으로 밀생하며 위는 무모이고 꽃잎 및 수술과 함께 탈락한다. 암술머리는 적색으로 불규칙적으로 짧게 갈라져서 벌어진다.

열매

구형-아구형으로 끝이 뾰족한 경우가 많고 길이 10cm에 이른다. 열매껍질은 두께 7~9mm로 두껍고 목질성으로 단단하며, 갈색의 짧은 털이 밀생한다. 열매껍질 안에 잘 발달한 붉은색의 긴 섬유층이 있으며 안쪽에 흰색-크림색의 종의층이 종자를 둘러싼다. 종자는 신장형으로 납작하고 길이 1~1.1cm, 폭 0.7~0.9cm, 깊이 0.4~0.6cm이다. 발아 시 떡잎은 밖으로 나오고 신장형으로 지름 1.5~3cm 정도이다.

개화와 결실

잎은 우기가 시작되는 11월부터 나오기 시작하여 건기가 시작되는 이듬해 4월까지 달린다. 꽃은 2~4월에 걸쳐 개화하며, 열매는 같은 해 11월에 성숙한다.

염색체

2배체로 염색체 수는 88개이다.

다른 종과 구별되는 특징

마다가스카르바오밥은 자바오밥(A. za)과 비슷하며 마다가스카르 북쪽에서 드물게
동소적으로 분포하므로 종종 혼동된다. 그러나 마다가스카르바오밥은 꽃잎이 적색
이며 2~4월에 개화하고 암술대가 꽃잎 및 수술과 함께 탈락하고, 자바오밥은 꽃잎
이 노란색-오렌지색이고 11~2월에 개화하며 암술대가 숙존하는 점이 다르다. 또한
마다가스카르바오밥 열매는 구형 또는 아구형으로 과병이 비후되지 않지만, 자바오
밥의 열매는 길쭉한 원통형 또는 타원체형이며 과병이 비후되었다. 또한 잎의 경우
마다가스카르바오밥의 경우 소엽병이 없거나 짧지만 자바오밥의 경우 작은잎자루
가 길거나 짧은 특징이 있으며, 마다가스카르바오밥의 줄기는 회색에 가깝지만 자바
오밥은 약간 붉은빛이 도는 회색인 점 등이 다르다. 그러나 잎과 줄기의 형질은 토
양 및 강수량에 따라서 변이가 많다. 참고로 자바오밥은 마다가스카르 북쪽에서 서

종자

노란 단풍이 들면서 떨어지는 잎

쪽 해안을 따라 서남쪽까지 분포하는 종으로 마다가스카르 특산 6종 중 분포영역이 가장 높지만, 분포밀도는 북쪽-북서쪽보다는 서쪽-서남쪽에서 높다.

이 용

안카라나국립공원 일대에 사는 주민들은 열매의 종의층을 식용한다. 그러나 다른 종들에 비하여 열매가 적고, 맛이 떫고 시어서 식용 가치는 낮다.

보 존

마다가스카르바오밥은 마다가스카르 북부에 주로 분포하는 수아레즈바오밥, 페리에 바오밥보다는 분포영역 및 개체수가 훨씬 많으며, 자연 상태에서 번식이 유지되므로 보존을 위한 별다른 노력은 취해지지 않고 있다. 특히 이 종이 우점종으로 나타나는 안카라나국립공원 지역은 국립공원으로 지정되어 잘 보호되고 있다. 마다가스카르 북서부 해안선 쪽으로 국지적으로 흔하게 분포하는 종이지만, 해안선 쪽으로 가는 도로를 찾기 어려워 분포 지역에 접근이 쉽지 않다.

안카라나국립공원 내에서 가장 오래되고 큰 마다가스카르바오밥

안카라나국립공원 01 가장 큰 마다가스카르바오밥 나무의 수관 02 우기의 바오밥 숲 03 건기의 바오밥 숲

≪ 안카라나국립공원 바오밥 나무들 Baobabs in Ankarana National Park

마다가스카르 북쪽 안치라나나주에 위치한 안카라나국립공원(Ankarana National Park)은 안치라나나에서 6번 국도를 타고 남서쪽으로 2시간 정도 이동하는 거리에 위치한다. 이 국립공원의 관리사무소는 6번 국도상의 마하마시마(Mahamashima)라는 작은 마을에 있다. 국립공원 일대는 중생대 석회암층으로 이루어졌는데 석회암이 오랜 침식과정을 통하여 다양한 모양의 침상구조의 돌 숲(석림, 현지인들은 칭기, tsingy라 부름)이 장관을 이루는 곳으로 유명하다. 서쪽의 대칭기와 유사하나 높이가 조금 작다. 국립공원 사무소에서 석림 쪽으로 이동하면서 바오밥 자생지를 1~2시간에 걸쳐서 볼 수 있다. 바오밥 자생지는 주로 우기에 물이 흐르는 건천과 가까운 곳에서 쉽게 볼 수 있으며, 줄기가 회색이고 주 줄기가 원추형으로 직립하며 다른 나무들에 비하여 크고 우점종으로 쉽게 구별할 수 있다. 가장 크고 오래된 나무는 흉고지름 4m, 높이 30m에 이르며 수령은 1,000년으로 추정된다. 이 나무는 아래쪽이 비후되었고 5m 높이 부분에서 지름이 갑자기 좁아지는 수형을 갖고 있다(두번째 좌표). 박쥐동굴이 있는 쪽 주차장과 가까운 곳에 위치한 석회암 돌 틈 사이에서는 일반적인 마다가스카르바오밥과 다른 병 모양의 수형을 한 특이한 개체를 볼 수 있다(세번째 좌표). 현지 안내인들은 이 나무 모양이 특이하여 페리에바오밥이라 이야기하지만, 필자가 이 지역을 두 번 방문하여 열매와 꽃을 확인한 결과 마다가스카르바오밥이었다. 또한 박쥐동굴 가는 길목의 두 그루 바오밥도 모두 마다가스카르바오밥이다. 필자가 확인한 안카라나국립공원 내의 모든 바오밥은 동일한 마다가스카르바오밥이었다. 이 바오밥 숲에는 코미포라(Comifora), 콤브리툼(Combritum) 등의 식물들이 같이 자란다.

GPS좌표 S 12° 58' 05.45", E 49° 08' 18.56", 해발 125m (안카라나나국립공원 입구)

S 12° 56' 59.28", E 49° 07' 38.02", 해발 332m (가장 큰 나무)

S 12° 41' 25.33", E 49° 15' 39.63", 해발 432m (병 모양의 마다가스카르바오밥)

∨ **프렌치산맥 북단의 바오밥 나무들** Baobabs at the Nortern End of French Mt.

안치라나나 동쪽 라메나(Ramena)로 가는 해안길을 타고 8km 정도 이동하면 프렌치산맥(French Mt. Range)이 해안과 접한 산기슭이 나타난다. 이 산기슭 및 도로 주변으로 마다가스카르바오밥이 널리 분포한다. 이 지역에는 수아레즈바오밥도 같이 나타나는데, 큰 개체 몇 그루만 수아레즈바오밥이고 작은 개체는 대부분 마다가스카르바오밥이다. 마다가스카르바오밥은 다른 지역에서는 대부분 줄기가 회백색인데 이 지역에서는 산화토양의 영향으로 검붉은 색이어서 줄기만 보고 두 종을 구분하기는 어렵다. 잎이 없는 건기에 작고 둥근 열매를 달고 있으면 모두 마다가스카르바오밥이라 보면 된다. 열매가 없는 개체들이 많아 구분이 쉽지 않지만 잎이나 꽃이 발달하는 시기에는 쉽게 구분이 가능하다. 프렌치산맥 북단에서 흔히 보는 바오밥은 대부분 마다가스카르바오밥으로 생각하면 된다. 민가가 있는 길가 양쪽의 가판대에서는 바오밥 열매와 조개껍질을 전시해 놓고 있다. 열매가 작고 둥근 것은 모두 마다가스카르바오밥이라 보면 된다. 이 종의 열매는 먹을 수 있는 부위가 적어 널리 식용하지 않기 때문에 산 사면이나 길가에서 열매를 쉽게 볼 수 있다. 2월 말~3월 경에 마다가스카르바오밥은 20cm 정도의 크고 붉은색 꽃을 피며, 꽃받침 아래쪽이 크게 확장되어 멀리서도 쉽게 구분할 수 있다. 프렌치산맥 일대뿐 아니라 디에고 시내의 가로수, 디에고 전쟁묘지 등에서도 심겨진 마다가스카르바오밥을 만날 수 있다.

GPS좌표 S 12° 18' 28.00", E 49° 18' 05.34", 해발 25m (프렌치산맥 북사면)

01 프렌치산맥 북단의 바오밥 나무 (우기, 개화기)
02 프렌치산맥 북사면의 바오밥 나무. 이 지역에서는 수아레즈바오밥과 같이 분포하고 줄기도 비슷하게 검붉다.

프렌치산맥 남단의 바오밥 숲. 마다가스카르바오밥과 수아레즈바오밥이 같이 분포한다.

⋀ 프렌치산맥 남사면의 바오밥 나무들 Baobabs in Southern Slope of French Mt.

프렌치산맥은 디에고만 동쪽에서 시작하여 북에서 남쪽으로 30km 정도 이어지다 갑자기 남사면이 경사지를 이루면서 끝난다. 이 남사면 경사지에 바오밥 군락지가 비교적 잘 보존되어 있다. 이 군락지에 접근하기 위해서는 디에고에서 6번 도로를 타고 남쪽으로 20여 km 이동하면 오른쪽으로 앰버산국립공원 및 주프레빌(Joffreville)을 가는 삼거리가 나온다. 여기서 다시 20km 정도 남쪽으로 이동하면 길 왼쪽으로 멀리 산쪽 능선을 따라 여러 그루의 바오밥을 볼 수 있다. 이 지역의 바오밥 나무들을 보기 위해서는 최소한 2~4시간을 걸어야 하며, 농로가 복잡하게 얽혀 있어서 지역 농민의 안내 없이는 접근이 어렵다. 이 일대의 산 사면에는 수아레즈바오밥과 마다가스카르바오밥이 같이 자라는데 멀리서도 자세히 보면 수피의 색깔로 두 종의 구별이 가능하다. 프렌치산맥 남단을 마주보고 왼쪽 능선부분과 중간부분에 마다가스카르바오밥이 많고 오른쪽에는 수아레즈바오밥이 많다.

GPS좌표 S 12° 23' 33.99", E 49° 19' 41.10", 해발 184m (군락지 조망 지점)
         S 12° 26' 61.68", E 49° 21' 58.03", 해발 64m (6번 국도상에서 접근 위치)

✲ 마루무쿠트라 바오밥 Maromokotra Baobabs

건기임에도 불구하고 마다가스카르 최북단의 주인 안치라나나주 암반자(Ambanja)에서 삼바바(Sambava)로 가는 길(5a)은 험한 비포장도로로 차체가 높은 4륜구동 자동차로도 한 시간에 15km 정도 밖에 움직일 수 없었다. 필자가 경험한 마다가스카르의 길 중 동쪽 해안선의 R5와 함께 최악의 길로 평가된다. 그 중간 지점에 위치한 마루무쿠트라 (Maromokotra)에서 다라이나(Daraina)에 이르는 지역에서 마다가스카르바오밥을 종종 볼 수 있다. 이 지역은 디에 고-수아레즈 지역에 비하여 우기가 늦게 시작되고 비가 더 늦게까지 내리므로 개화기도 늦어서 4~5월까지 마다가스 카르바오밥들이 개화를 한다고 한다. 그래서 그런지 이 지역의 마다가스카르바오밥들은 아직도 어린 열매들이 많이 달려 있었다. 이들 마다가스카르바오밥들은 우기에 물이 흐르는 개천가나 마을 경작지 인근에 흩어져 있으며 큰 개체 는 볼 수 없었고, 주로 100년생 이내의 작은 개체들로 평가된다. 그러나 기후 여건이 좋은지 많은 수의 열매를 달고 있 었다.

GPS좌표   S 13° 04' 29.26", E 49° 37' 47.61", 해발 15m

01 줄기가 서로 꼬여 자라는 어린 마다가스카르바오밥 02 콩과식물의 줄기가 덮고 있는 마다가스카르바오밥

01 다라이나 숲에서 가장 큰 마다가스카르바오밥(흉고지름 3.1m, 높이 30m)
02 왼쪽 사진 개체의 타원형 열매 03 마다가스카르바오밥 타원형 열매의 비교

⌃ 다라이나 지역공원의 마다가스카르바오밥 Madagascar Baobabs in Daraina Park

앞에서 언급한 마루무쿠트라에서 다라이나에 이르는 지역 10km 이전에 다라이나 지역공원으로 들어가는 입구(첫번째 좌표)가 있다. 다라이나 지역공원은 과거 독일학자들이 리머 연구를 하던 곳으로 지금은 지역사회의 젊은이들이 관리하고 있다. 1년에 방문객은 200여 명으로 극히 제한된 지역이다. 공원 입구에서 1km 정도 산길을 차로 오르면 곳곳에서 사금을 캐기 위해 땅을 판 흔적을 볼 수 있고, 지금도 많은 사람들이 산의 대부분에서 사금을 캐고 있다. 그러나 시설이 열악하고 채취되는 사금의 양도 적어서 수익은 극히 적다고 한다. 산길 곳곳에 웅덩이가 있어 이동하는 데 여간 신경이 쓰이는 게 아니었다. 산의 입구에 세 그루의 바오밥이 열매를 달고 있었고 그 중 한 그루는 길쭉한 열매를 달고 있는데(두번째 좌표) 공원의 관리자는 이것이 자바오밥이라고 했다. 이전에 방문한 사람들이 그렇게 이야기했다고 한다. 그러나 필자가 보기에는 수형이나, 몇 달 전 떨어진 꽃 색깔과 모양 등으로 마다가스카르바오밥의 특징을 읽을 수 있었다. 잎이나 싱싱한 꽃이 없었지만 자바오밥이 아니고 마다가스카르바오밥이라는 확신이 들었다. 열매의 모양을 보고 자바오밥이라고 했다는데 마다가스카르바오밥도 열매가 타원형인 것들이 종종 관찰된다. 또한 최근 연구에서 과거 두 종간의 잡종에 의한 중간형의 보고도 있는 상황에서 잡종에 의한 기원도 생각해 볼 수 있다. 또한 이 지역의 숲에는 다양한 수령의 마다가스카르바오밥이 분포하고, 제일 큰 것은 흉고지름 3.1m, 높이 30m에 이른다(세번째 좌표).

GPS좌표   S 13° 09' 12.64", E 49° 40' 13.46", 해발 28m (공원 입구)

S 13° 09' 15.12", E 49° 40' 17.01", 해발 50m (열매 길쭉한 마다가스카르바오밥)

S 13° 10' 00.84", E 49° 42' 23.98", 해발 144m (숲에서 가장 큰 마다가스카르바오밥)

미끈하게 줄기가 뻗은

자바오밥

자바오밥은 마다가스카르의 바오밥 6종 중 가장 널리 분포하며 마다가스카르 북
서부~서부~남서부에 이르는 지역에서 흔히 만날 수 있다. 줄기가 높고 가지가 수
관 아래로 처진 모양이지만 지역에 따라 나무 모양에 변이가 크다. 작은잎자루의
길이, 꽃의 색, 열매의 모양과 크기 등도 분포 지역에 따라 변이가 크다. 분포 지
역이 넓지만 마다가스카르 북부 지역에서는 서식밀도가 낮고, 서부~남부 지역에
서식밀도가 높다. 서부~남부 지역에서는 특징적으로 작은잎자루의 길이가 길고,
열매자루가 비후화된 특징이 있다. 꽃봉오리는 길게 자라고, 꽃은 잎이 달린 1~2
월에 오렌지색으로 핀다. 수술 수는 마다가스카르바오밥보다 많다. 열매는 긴타
원형으로 6~7월에 성숙하며, 과육은 먹을 수 있다.

마다가스카르 서남쪽 사카라하 근처의 초지에 우뚝 서서 자라는 매끈한 수형의 자바오밥 나무들

자바오밥의 가지가 나뉘는 일반적인 유형

자 바 오 밥

【학명】

Adansonia za Baillon, (1890) Bull. Mens. Soc. Linn. Paris, 2: 844.

【이명】

Adansonia za var. *boinensis* H. Perrier, (1952) Notul. Syst., 14: 304.

Adansonia bozy Jum. & H. Perrier, (1910) Ann. Mus. Colon. Marseille, 18: 447-451.

Adansonia za Baill. var. *bozy* (Jum. & H. Perrier) H. Perrier, (1952) Notul. Syst., 14: 304.

Adansonia alba Jum. & H. Perrier, (1909) Matieres Grasses, 1909: 1511.

*종소명 자(*za*)는 이 종이 분포하는 마다가스카르 남부 지역의 지역명인 자(za) 또는 자베(zabe)에서 따온 것이다.

안치라나나주

안카라판치카국립공원

마하장가주

마다가스카르

안타나나리보

● 자바오밥 서식지
● 주요지명

툴레아주

툴레아

투라나로

이탐푸루

암부붐베

분포

마다가스카르에 있는 바오밥 6종 중 분포영역이 가장 넓다. 북부의 안치라나나 (Antsiranana)주, 북서부의 마하장가(Mahajanga)주, 서쪽-서남쪽의 툴레아(Tulear)주 의 해안을 따라 100km 이내에 주로 분포한다. 북부에서는 습도가 어느 정도 유지되 는 낙엽수림, 서부-남부에서는 낙엽수림 및 초지에 주로 분포하며 사질토양에 주로 자란다. 서남쪽에서 서식밀도가 높다. 분포영역이 넓으므로 잎(작은잎자루의 길이, 잎 의 크기 및 모양), 열매자루의 두께, 줄기의 색깔, 꽃의 개화기와 색깔 등에서 변이가 크다. 또한 이들 변이는 지리적 변이 양상을 보여 점진적 변이로 나타나기도 한다. 예로 남쪽 집단에서는 작은잎자루가 길고 잎이 가늘지만 북쪽 지역으로 갈수록 작 은잎자루가 짧아지고 두꺼워진다. 남쪽 집단에서는 줄기가 붉은색이지만 북쪽 집단 에서는 줄기가 회색을 띤다. 학자에 따라서는 이들 집단을 다른 아종 또는 변종으로 구분하기도 한다.

01 우기의 어린 나무 02 건기의 어린 나무

주 로 볼 수 있 는 지 역

마다가스카르 툴레아에서 이살로국립공원(Isalo National Park)에 이르는 국도변, 툴레아에서 이탐푸루(Itampolo)에 이르는 지역, 남쪽 암부붐베(Ambovombe)에서 투라나루(Tolanaro)에 이르는 지역에서 쉽게 볼 수 있다. 특히 인가 근처의 초지에 서 있는 자바오밥은 우뚝 솟은 미끈한 수형으로 멀리서도 쉽게 알아볼 수 있다.

식 물 의 특 징

줄기

높이 30m, 지름 3m에 이르는 낙엽교목으로 주로 아래쪽이 넓고 위쪽이 약간 좁은 1개의 원통형 줄기로 길게 자라지만(바오밥인데 날씬하고 길게 자라는 편임) 드물게 아래에서 가지를 치기도 한다. 1차 가지는 주 줄기 끝에서 불규칙적으로 나뉘어 수평 이상으로 둥근 수관이 형성된다. 수피는 회색 또는 붉은빛이 도는 회색이며 표면은 평활하다.

잎

주로 가지 끝에 어긋나게 모여 달리는 장상복엽으로 작은잎의 수는 5~8장, 잎자루는 길이 5~15cm, 지름 1~4mm이다. 턱잎은 선형으로 일찍 떨어진다. 작은잎은 작은잎자루가 짧은 것(북쪽)에서 긴 것(길이 3cm에 이름, 남쪽)에 이른다. 중간의 작은잎이 가장 크며 넓은타원형-피침형으로 길이 5~20cm, 폭 3~8cm(큰 잎 북쪽, 작은 잎 남쪽), 1차맥과 10~20쌍의 2차맥이 잎 아래쪽으로 돌출하고, 끝은 소철두-급첨두, 아래는 유저, 엽연은 전연이다. 잎은 무모이나 어린 잎은 유모이다.

01-02 수형 03-05 줄기 06 작은잎자루가 잘 발달한 잎 07 어린 나무의 잎

01 꽃봉오리 02 꽃 03 꽃봉오리와 꽃

꽃

잎과 함께 또는 잎보다 늦게 발달하고 주로 11~2월에 개화하며, 꽃봉오리는 줄기 끝에 하늘 방향 또는 수평으로 1개가 직립하고, 신장된 원통형으로 성숙 시 길이 15~24cm, 지름 1.5~2.5cm에 이른다. 꽃자루는 짧고 두꺼우며 길이 2~3cm, 지름 1cm이며 녹색이다. 꽃받침은 (3)~5개로 나뉘고, 시간이 지나면서 뒤로 젖혀지면서 꽃의 위에서 기저부로 여러 번 감기는데 각 열편은 선형으로 길이 14~22cm, 폭 0.8~1.2cm이고, 바깥쪽으로 연녹색으로 조모가 밀생하며, 안쪽은 암적색으로 견모가 밀생한다. 꽃받침통은 깊이 1.5cm 정도이고 꽃잎 기부에 밀착하며 환 모양으로 2mm 폭으로 비후된 컵 모양의 구조이다. 꽃잎과 수술의 유합 부위는 꽃받침통 안쪽에 밀접하게 부착된다. 꽃잎은 오렌지색(드물게 황갈색 또는 바깥쪽의 중륵을 따라 붉은색), 수술 및 암술과 길이가 비슷하고, 수술과 함께 떨어진다. 꽃잎은 선형으로 길이가 폭의 10배 이상으로 길며, 길이 14~24cm, 폭 1~1.6cm이다. 수술은 연노란색이고 수술통은 아래쪽이 약간 넓고 끝 쪽이 좁으며 수술통의 길이는 4~6cm, 지름 1~1.6cm이며, 끝에 100~120개의 이생하는 짧은 수술대가 120도로 펴져 달리는데 길이는 각각 7~12cm이고, 그 끝에 노란색의 꽃밥이 달린다. 암술의 자방은 난형-깔때기형으로 높이 1cm 정도이고, 위쪽으로 향하는 갈색 털이 밀생한다. 암술대는 암적색(기저부는 적색이 약함)으로 곧추서고, 수술과 길이가 비슷하며, 전체 길이는 16~22cm이다. 암술대 아랫부분은 견모가 위쪽 방향으로 밀생하며 위는 무모이고, 암술대는 꽃잎 및 수술의 탈락 후에도 숙존한다. 암술머리는 적색으로 지름 3~5mm, 불규칙적으로 짧게 갈라져서 벌어진다.

열매

아구형-장타원형으로 길이 10~30cm, 지름 6~15cm에 이르며 보통 길게 각이 진다. 열매자루는 두껍게 비후되며(북쪽의 것들은 비후 안됨), 열매껍질은 두께 7~9mm로 두껍고 목질성으로 단단하며, 암갈색의 짧은 털이 밀생한다. 열매껍질 안에 잘 발달한 긴 섬유층이 있으며 안쪽에 흰색-크림색의 종의층이 종자를 둘러싼다. 종자는 신장형으로 납작하고 길이 1~1.2cm, 폭 0.7~1.1cm, 깊이 0.6~0.8cm이다. 발아 때 떡잎은 밖으로 나오고 신장형으로 지름 1.5~3cm 정도이다.

개화와 결실

잎은 우기가 시작되는 10월부터 나오기 시작하여 건기가 시작되는 이듬해 4월까지 달린다. 꽃은 11~2월에 걸쳐 개화하며, 열매는 건기가 끝나는 10월에 성숙한다.

염색체

2배체로 염색체 수는 88개이다.

다른 종과 구별되는 특징

자바오밥은 북쪽에선 마다가스카르바오밥(A. madagascariensis), 수아레즈바오밥(A. suarezensis) 등과 동소적으로 분포할 수 있으나 매우 드문 현상이다. 서쪽-남쪽에서는 그랑디디에바오밥, 루브로수티파바오밥 등과 동소적으로 분포할 수 있으며 자주 관찰된다. 무룬다바 지역에서는 그랑디디에바오밥, 루브로스티파바오밥, 자바오밥이 동시에 나타나기도 한다. 하지만 루브로스티파바오밥은 잎의 가장자리에 톱니 같은 거치가 있고 줄기가 붉고 병 모양이므로 줄기가 회색이고 원통형 내지 길쭉한 모양인 자바오밥과는 쉽게 구분된다. 꽃이 있다면 자바오밥은 꽃잎의 길이가 수술의 길이와 비슷하지만 루브로스티파바오밥은 꽃잎이 수술보다 짧아서 구별이 쉽다. 또한 열매의 모양도 자바오밥이 원통형으로 주로 구형인 루브로스티파바오밥과는 구

01 어린 열매 02 성숙 중인 열매(열매자루 아랫부분이 비후화되었고 암술대가 길게 남아 있음) 03 성숙한 열매 04 종자

분된다. 마찬가지로, 자바오밥과 그랑디디에바오밥과는 잎의 특징(털의 유무, 작은잎 자루의 길이), 줄기의 특징(색깔, 모양), 꽃의 특징(수술통의 길이, 꽃의 색깔, 모양), 열매 의 모양, 열매자루의 두께 등으로 쉽게 구분할 수 있다.

이용

자바오밥이 생육하는 일대의 주민들은 열매의 종의층과 종자를 식용한다. 또한 지역 에 따라서는 어린 싹 전체를 나물로 이용하기도 한다. 나무 전체는 건기에 잘라서 가축 먹이로 이용하기도 하며, 줄기에 구멍을 만들어 물 저장 탱크로 이용하기도 한다.

보존

자바오밥은 서쪽 해안선을 따라 마다가스카르 북부-남부에 이르기까지 널리 분포 하는 관계로 종 보존에는 문제가 없다. 단지 지역별로 서식지 파괴가 진행되고 있는 지역에선 보호가 필요하다. 현재의 서식지는 인간의 간섭에 의하여 인위적으로 형성 된 초지에 자바오밥만 남아 있는 것이 대부분이다. 자연림이든 파괴 생태계이든 간 에 자바오밥을 중심으로 리머류, 조류, 곤충류 등을 포함하여 여러 동물들의 서식지 가 형성되므로 자바오밥은 지역 생태계에서 매우 중요한 종이다.

✀ 러브바오밥 Love Baobabs, Baobab Amoureux

무룬다바 지역 바오밥거리 북쪽 끝부분에서 벨루-술-찌리비히나 쪽이 아닌 서북쪽으로 첫번째 비포장 갈림길이 있다. 이 길을 따라 7km 이동하면 2개의 큰 가지가 서로 감고 올라가는 특이한 모양의 자바오밥을 만날 수 있다. 현지 주민들은 이 바오밥 나무를 러브바오밥이라 부른다. 필자가 직접 측정한 흉고둘레는 9m 정도로, 수령은 500년 이상으로 추정된다. 이 지역의 전설에 따르면 이루어질 수 없는 사랑을 한 젊은 남녀가 그들의 신에게 사후에라도 하나가 되길 빌었고, 사후에 이 바오밥으로 환생하였다고 한다. 따라서 이 나무 밑에서 사랑을 약속하면 이루어진다고 전해온다. 마다가스카르 전역에서 기념품으로 널리 판매하는 러브바오밥은 이 나무를 소재로 형상화하여 만든 것들이다. 러브바오밥 바로 오른쪽에는 루브로스티파바오밥이 한 그루가 서 있다. 여기서 바오밥거리 쪽으로 300~400m 걸어 나오면, 작은 호수 주변 길가 양 옆으로 500여 년 정도로 추정되는 그랑디디에바오밥 나무 네다섯 그루가 있다. 따라서 러브바오밥인 자바오밥과 그랑디디에바오밥, 루브로스티파바오밥을 비교해 볼 수 있는 좋은 장소이다. 이 지역은 건기에는 자유롭게 방문이 가능하지만 우기에는 길가에 물이 넘치고 물웅덩이가 깊어서 갈 수 없는 경우가 흔하다.

GPS좌표   S 20° 12' 41.67", E 44° 23' 59.82", 해발 28m

러브바오밥 01 동쪽에서 본 전경 02 서쪽에서 본 주 줄기

안카라판치카국립공원에 살아남은 자바오밥 두 그루. 오른쪽에 쓰러진 나무 그루터기가 보인다.

⋀ 안카라판치카국립공원의 바오밥 나무 두 그루 Two Baobabs in Ankarafantsika National Park

마다가스카르 북서쪽에 위치한 해안도시 마하장가에서 내륙으로 4번 국도를 타고 2시간 정도 이동하면(100km 정도) 안카라판치카국립공원(Ankarafantsika National Park)에 다다른다. 국립공원 사무소에 들러서 바오밥 나무가 있는 곳을 안내 받으면 된다. 사무소에서 2km 정도 안카라판치카 마을 쪽으로 이동하여 길가에 주차하고, 농로를 따라 400m 정도 이동하면 조그만 개천이 나온다. 출렁다리를 통해 이 개천을 건너면 곧바로 언덕배기에 두 그루의 큰 바오밥 나무를 볼 수 있다. 원래는 이곳에 네 그루가 생육하였으나, 2013년 봄 사이클론에 의하여 두 그루는 쓰러지고 현재는 그 나무통만 남아 있는 상태이다. 살아있는 두 그루는 나란히 서 있는데 흉고지름 2.2m, 높이 30m에 이르는 큰 나무이다. 나무는 아래쪽이 넓고 위쪽이 좁아지는 원추형으로 수피는 회색이고 흰색 반점이 있다. 남쪽의 통통한 바오밥과는 사뭇 다르며 큰 나왕송과 비슷하다. 살아있는 나무와 쓰러져 죽은 나무들은 비슷한 연령대로 500년 정도로 추정된다. 주변에 어린 나무는 없으며 꽃과 열매가 일부 가지에 달리지만 필자가 떨어진 열매를 확인한 결과 모두 씨가 없는 쭉정이 열매뿐이었다. 살아있는 두 그루도 극히 일부만 남아 있으며 두 그루 사이에 아마도 수분이 되어도 근친으로 정상적인 열매 발달은 되지 않는 것으로 보인다. 현지 안내인들은 이를 *A. boinensis*라고 부르며 마다가스카르 어디에도 없고, 여기에만 두 그루가 남아 있는 멸종위기종이라고 하지만, 이 종은 자바오밥으로 이명 처리된 것이다. 또한 열매나 잎의 특징으로 보아 자바오밥과 꼭 같은 형질을 가지고 있다. 꽃은 직접 보지는 못하였으나 안내원에게 물어본 결과 자바오밥 꽃의 형질과 일치하였다. 한 안내인은 이 나무에서 씨를 받아 1개의 씨가 성공적으로 발아하여 자기 집 앞마당에서 키우고 있다고 하여, 안카라판치카에 있는 그의 집을 방문하였다. 그러나 키가 5m에 이르는 어린 개체이고, 잎이나 꽃이 달리지 않는 시기여서 필자는 자바오밥인지 직접 확인할 수 없었다.

GPS좌표   S 16° 18' 59.15", E 46° 49' 25.64", 해발 330m (두 그루 사이 지점)

⩔ 안드라누마인쭈 마을의 바오밥 나무들 Baobabs in Andranomaintso Village

마다가스카르 서남쪽 항구도시 툴레아에서 이살로국립공원 쪽 국도로 이동하면 사파이어 생산으로 유명한 사카라하 (Sakalaha)와 일라카카 (Ilakaka)시를 통과한다. 중간에 좀비체국립공원(Zombitse National Park) 지역을 통과하는데 사카라하와 좀비체국립공원 사이에서 길가 좌우로 흩어져 있는 여러 그루의 바오밥 나무들을 만날 수 있다. 일라카카 다리를 지나 이살로국립공원 쪽으로도 숲 가장자리에 세 그루의 큰 바오밥 나무들을 볼 수 있다. 특히, 사카라하에서 안드라누마인쭈(Andranomaintso) 마을 주변에 이르는 목초지로 개간된 초지 식생지인 이 지역 국도를 중심으로 좌우 초지에 자바오밥이 여기저기 산발적으로 분포한다. 큰 개체는 높이 25m, 흉고지름 3m에 이른 큰 나무들이다. 언덕배기에서 가끔 어린 나무들도 관찰된다.

GPS좌표 S 22° 53' 52.62", E 44° 39' 10.31", 해발 699m (안드라누마인쭈 마을)

안드라누마인쭈 마을 인근에서 볼 수 있는 다양한 수형의 자바오밥 01 우기 초기의 어린 잎 02 우기

바오밥거리 북단의 자바오밥 01 우기 02 건기

⩘ 바오밥거리의 자바오밥 Za Baobabs in the Avenue of Baobabs

무룬다바 바오밥거리의 바오밥 나무들은 대부분은 그랑디디에바오밥이다. 그러나 바오밥거리를 벗어나면서 벨루-술-찌리비히나 방향으로 이동하면 수형이 다른 많은 루브로스티파바오밥과 몇 그루의 자바오밥을 볼 수 있다. 보통 루브로스티파바오밥은 구별이 가능하나 자바오밥은 그랑디디에바오밥과 구별이 쉽지 않다. 그러나 바오밥거리 끝부분에 자라는 네 그루의 자바오밥 중 두 그루는 쉽게 구분이 된다. 먼저 수형이 원추형이고 작은 가지들이 나무 끝 및 아래에도 발달한 것이, 줄기가 원통형이고 작은 가지가 나무 끝에만 발달한 그랑디디에바오밥과 구별이 된다. 잎은 그랑디디에바오밥보다는 둥글고 폭이 넓다. 이 지역은 손쉽게 3종의 바오밥을 비교할 수 있는 곳이다(118쪽 참조).

GPS좌표 S 20° 12' 44.28", E 44° 25' 50.40", 해발 35m

큰나무 01 우기 02 건기 03 서쪽에 구멍이 난 주 줄기

⚞ 마하부부카와 사카라하 사이의 큰나무 The Big Tree between Mahaboboka and Sakalaha

사카라하에서 툴레아 방향으로 이동하다 보면 마하부부카 마을 전 도로 오른편에서 600m 거리에 원추형의 큰 바오밥 나무 한 그루를 볼 수 있다. 단 한 그루만 초지와 숲 가장자리에 서 있어서 쉽게 알아볼 수 있다. 가까이 가서 자세히 보면 주 줄기 아래쪽은 넓고 위쪽은 좁은 원추형으로 위아래쪽으로 길게 골이 져 있다. 아마도 이 골은 바오밥이 자라면서 주변의 암석 때문에 형성된 것으로 추측된다. 이 나무 위에는 맹금류가 집을 짓고 살고 있으며 꽃이 피고 열매가 맺는 수세가 좋은 나무이다. 아마도 이 일대에서는 제일 크고, 수령도 500년은 넘어 보인다. 서쪽 방향의 가슴 높이에 하나의 구멍이 있고 이 구멍을 통해 속이 비어 있음을 확인할 수 있다. 필자가 측정한 흉고둘레는 19.2m 정도이고 높이는 22m 정도에 이른다. 주변에는 부채선인장이 군락을 이루고 있다.

GPS좌표 S 22° 53' 52.70", E 44° 39' 10.46", 해발 28m

∨ 만자 인근 **자바오밥** Za Baobabs near Manja

자바오밥은 서쪽 해안선에서는 해안가보다는 약간 내륙 쪽으로 분포하는 경향을 보인다. 툴레아에서 무룬다바에 이르는 지역에서 이러한 분포 경향성은 뚜렷하다. 해안 쪽에 분포하는 경우 수분이 많은 토양에 주로 분포한다. 자바오밥은 종종 그랑디디에바오밥, 루브로스티파바오밥과 동소적으로 나타나기도 한다. 툴레아에서 해안도로를 타고 무룬다바로 이동하는 길가에서 자바오밥이 흔하지는 않지만 간혹 목격이 된다. 특히 물이 모이는 저지대의 산 사이 곡간 초지에서 볼 수 있었다. 툴레아에서 무룬다바 사이 중간지점에 위치한 만자는 해안에서 80km 정도 내륙에 위치하며 수자원이 풍부하여 망고나무가 많고 농업을 주업으로 하는 인구 2,000여 명이 거주하는 마을이다. 베부아이(Bevoay)에서 만구키강(Mankoky River)을 건너 만자 쪽으로 이동하다 보면 만자 전에 계곡 초지식생에서 자바오밥을 볼 수 있는 지점이 두 군데 나타난다. 모두 그랑디디에바오밥이 인근에 동소적으로 분포한다. 필자가 방문한 7월 중순 자바오밥은 그랑디디에바오밥에 비하여 줄기가 더 회백색이고 수형이 보다 홀쭉한 특징을 갖고, 오렌지색 꽃이 2~3월에 피는 관계로 꽃이 없고 열매가 대부분 탈락한 단계였다. 반면에 그랑디디에바오밥은 아직도 흰 꽃이 보이거나 어린 열매가 달려 있었다. 만자 10km 이전의 산 사이 계곡에 형성된 초지식생에서 5그루의 자바오밥과 10여 그루의 그랑디디에바오밥이 가까운 거리에 분포한 것을 볼 수 있었다.

GPS좌표 S 21° 27′ 31.94″, E 44° 10′ 52.94″, 해발 209m

01 곡간 초지식생에 서 있는 두 그루의 자바오밥 02 인근에서 관찰되는 줄기 끝이 잘룩한 자바오밥
03 누군가에 의하여 잘린 자바오밥의 줄기 단면. 동심원상의 성긴 목재조직을 볼 수 있다. 04 자바오밥의 썩은 줄기에 남은 섬유조직

01 수풀 사이로 볼 수 있는 회색 줄기의 자바오밥 나무들 02 산불 후에 남아 있는 자바오밥 열매들. 열매들이 암회색으로 변하였고, 열매자루의 아랫부분은 비후되었다. 03 나무 아랫부분이 산불에 검게 그을린 자바오밥

⩘ 안테바메나 인근 자바오밥 Za Baobabs near Antevamena

앞에서 언급한 만자에서 해안마을인 벨루-술-멜(Belo sur Mer) 쪽으로 2~3시간 이동하다 보면 수아세라나 (Soaserana)를 거쳐 안테바메나라는 작은 농촌마을을 지난다. 이 일대는 해안갯대추와 아카시아(Acasia)가 우점하는 식생으로, 간간히 초지 지역에서 바오밥 나무들을 볼 수 있다. 모두 그랑디디에바오밥이 우점이지만 간혹 자바오밥이 섞여서 분포하기도 한다. 안테바메나를 지난 10km 지점의 초지에는 다양한 수형의 그랑디디에바오밥과 10여 그루의 자바오밥이 가까운 거리에 분포한다. 필자가 방문했을 때 이 지역에는 산불이 지나간 뒤여서 떨어진 자바오밥 열매는 대부분 불에 탔고, 나무에는 아직도 암회색으로 변한 열매들이 달려 있었다. 열매의 기부는 비후되어 자바오밥을 쉽게 알아볼 수 있었다.

GPS좌표　S 20° 55' 38.56", E 44° 05' 24.76", 해발 66m

Part III

바오밥을
찾아가는 길
The Way to the Baobabs

세계의 바오밥을 만나는 방법

바오밥의 분포에서 언급한 바와 같이 2종의 바오밥은 아프리카 본토에, 6종은 마다가스카르에, 1종은 호주 북서부 지역에 분포하기 때문에 이 지역들을 찾아가는 팁을 소개하고자 한다. 아프리카 본토와 마다가스카르는 말라리아 및 황열병의 위험 지구로 지정된 곳이 있으므로, 이들 지역을 방문하기 전에 인터넷 등을 통하여 미리 위험 여부를 확인한다. 또한 보건소에 들러서 말라리아 예방약을 처방 받아 복용하고, 검역소에 들러서 황열병 예방주사를 맞는 등 준비를 철저히 해야 한다. 또한 여행 중 이질이나 설사와 같은 수인성 질병 등 개인위생에도 각별한 주의가 필요하다.

아프리카의 바오밥

아프리카 대륙에는 널리 분포하는 바오밥(A. digitata)과 일부 지역에 제한 분포하는 키리마바오밥(A. kilima)을 볼 수 있다. 바오밥은 아프리카 대륙에서 크게 두 개의 지역에 분포한다. 그 중 하나는 세네갈에서 기니만을 따라 가봉에 이르는 해안선과 해안선에 가까운 국가들이다. 두번째 주 분포 지역은 수단과 에티오피아에서 남아프리카공화국에 이르는 동-남아프리카 지역이다. 즉, 사하라사막 이남의 아프리카에서는 내륙의 몇몇 국가를 제외하고는 어느 곳에서나 바오밥을 볼 수 있다. 그러나 바오밥의 서식밀도가 높은 곳은 서아프리카에서는 세네갈, 말리, 기니, 가나, 나이지리아, 카메룬 등의 기니만에 인접한 반사막 지역과 동남아프리카에서는 케냐, 탄자니아, 모잠비크, 잠비아, 짐바브웨, 보츠와나, 나미비아 동부, 남아프리카공화국 동북부 지역의 반사막지대 또는 사바나 지역이다. 그러나 2014년 4월부터 서아프리카 여러 나라에서 에볼라바이러스에 의한 질병이 창궐하여 국제보건기구는 이 지역에 보건 비상사태를 선포한 바 있으므로 서아프리카 국가를 여행할 때는 특히 주의해야 한다. 아프리카 지역을 방문할 기회가 있다면 사바나나 동네 주변에서 바오밥 나무를 꼭 찾아보길 바란다.

아프리카 바오밥의 두번째 종인 키리마바오밥은 탄자니아 킬리만자로 동쪽 산사면에서 남쪽으로 모잠비크, 짐바브웨, 보츠와나를 거쳐 나미비아 동쪽과 남아프리카공화국 동북부에 이르는 해발 650~1,500m의 산악 지역에 분포한다. 따라서 아프리카의 바오밥 2종을 동시에 관찰하기 위해서는 이들 지역의 고산지대를 가야 한다. 그러므로 필자는 독자들에게 두 종이 동시에 분포하는 곳을 소개하고자 한다. 우리

01 마다가스카르 남서부 사라리 근처의 그랑디디에바오밥 자생지 02 남아프리카공화국 북동부의 키리마바오밥 자생지

나라에서 손쉽게 항공편이 연결되는 곳은 케냐의 나이로비와 남아프리카공화국의 요하네스버그가 있다. 나이로비에서 육상교통으로 킬리만자로 산악 지역 및 탄자니아의 광활한 사바나 지역의 접근이 용이하다. 요하네스버그에서는 남아프리카공화국 동북부 림포포 지역, 짐바브웨, 보츠와나, 나미비아, 모잠비크 등의 지역으로 접근이 용이하다. 특히 남아프리카공화국의 림포포 지역 및 인근의 짐바브웨, 보츠와나, 모잠비크 지역은 바오밥 고령목들이 많이 보존되어 있어서 바오밥을 찾아보기에는 안성맞춤의 장소이다.

필자는 요하네스버그 공항에서 차량을 대여하여 남아프리카공화국 동북부의 림포포 지역, 모잠비크와 국경 사이의 크루거국립공원(Kruger National Park), 짐바브웨 국경에 가까운 뮤시나(Musina) 지역, 짐바브웨와 잠비아 국경 사이에 발달한 빅토리아폭포가 있는 리빙스톤 지역, 리빙스톤에서 보츠와나를 거쳐 요하네스버그로 돌아오는 육로 등을 2회에 걸쳐 조사하였다. 이 과정에서 각 여행 당 총 5,000km

남아프리카공화국 림포포의 바오밥 자생지

를 운전하였다. 이 중에서 남아프리카공화국의 림포포주의 루이스 트리차드(Louis Trichardt)와 뮤시나(Musina) 지역 사이의 소우트판스버그산맥(Soutpansberg Mt. range)의 고산지대에서 키리마바오밥(A. kilima) 자생지를 찾을 수 있었고, 뮤시나 지역에서 넓게 펼쳐진 바오밥(A. digitata) 자생지를 볼 수 있었다.

요하네스버그에서 짐바브웨와 국경인 뮤시나까지는 남아공항공사(South African Airways)의 자회사인 에어링크(Air Link)가 운영하는 국내선도 있다. 그러나 여러 다양한 바오밥 나무들과 그 자생지를 보기 위하여 육로 이동이 필수적이다. 뮤시나 공항에서 렌터카를 이용하는 것도 추천할 만하다. 특히 림포포주에는 사고레바오밥(Sagole Baobab), 선랜드바오밥(Sunland Baobab), 글렌코바오밥(Glencoe Baobab), 그라베로떼바오밥(Giant Baobab) 등 세계 5대 거대 바오밥 중 4개를 찾아볼 수 있다. 그러나 이들 거대 바오밥들은 서로 멀리 떨어져 있으므로 여행 일정을 잘 기획해야 볼 수 있다. 또한 비가 집중되는 우기(12~3월)는 피하는 것이 좋다. 그러나 완전

마다가스카르 서부 무룬다바 인근의 바오밥거리(그랑디디에바오밥)

한 건기(5~9월)에는 바오밥의 잎이나 꽃을 볼 수 없다는 단점이 있다. 주로 이들 지역은 우기인 12~2월 중에 꽃이 개화하므로, 꽃을 보기 위해서는 우기를 피할 수 없다. 우기라고 하여도 비가 오지 않는 날을 잘 선택하여 일정을 조정하는 것이 최선의 방책이다. 바오밥 자생지 및 거대 바오밥 나무들에 접근하기 위해서는 비포장도로로 이동해야 하므로, 특히 우기에는 4륜구동이 가능한 자동차를 이용해야 한다.

마 다 가 스 카 르 의 바 오 밥

마다가스카르에는 6종의 바오밥이 분포한다. 이 중 3종은 마다가스카르 서부-서남부, 3종은 북부-북서부에 주로 분포한다. 이 중 자바오밥(A. za)만 북서부-서남부까지 광역 분포하고, 나머지 종들은 비교적 제한된 지역에 국지적으로 분포한다. 분포 지역은 우기와 건기가 뚜렷한 반사막이나 사바나 지역이 대부분이다. 마다가스카르 동쪽 및 중앙부 지역에는 바오밥이 분포하지 않는다. 이들 중 마다가스카르 서쪽 무룬다바(Morondava) 인근에 위치한 바오밥거리에 군생하는 그랑디디에바오밥(*A. grandidieri*)이 세계적으로 가장 잘 알려졌다. 그랑디디에바오밥은 마다가스카르 바오밥을 대표하며, 마다가스카르 우표와 화폐, 마다가스카르 안내 책자 등에 등장한다. 즉, 마다가스카르의 상징물이다.

마다가스카르는 섬나라이지만 인구 2,200만 명에 면적은 590만 km², 즉 우리나라 국토 면적의 약 6배 정도로, 땅이 넓고 다양한 기후대가 발달하여 작은 대륙과 같은 식생 분포를 보인다. 또한 도로 사정이 좋지 않기 때문에, 이동에 많은 시간이 소요된다는 점을 고려해야 한다. 거리가 600km라면 우리나라에서는 고속도로로 6시간이면 가지만, 마다가스카르에서는 빨라야 12~18시간 걸리고 보통 2일을 잡아야 한다. 참고로 마다가스카르는 아프리카 국가 중에서도 최빈국에 해당하며, 교통 인프라가 좋지 않기 때문에 대중교통 이용 시 시간을 정해놓고 이동하는 것이 어렵다. 기후는 건기와 우기가 뚜렷하며, 건기는 5~10월, 우기는 11~4월인데, 우기에는 이동이 불가능한 곳이 많다. 또한 비수기인 우기에는 대중교통 서비스가 안 되는 지역이 많다. 기온은 수도인 안타나나리보는 고산 지역에 위치한 관계로 비교적 서늘하면서 덥지만, 바오밥이 주로 자생하는 북부-서부-서남부 해안 지역은 덥고, 특히 우기에는 무더운 편이다. 공식 언어는 프랑스어이지만, 주역 주민은 말라가시어를 주로 이용하며, 영어로 의사소통이 가능한 사람은 드물다.

우리나라에서 마다가스카르 수도인 안타나나리보까지 가는 방법은 크게 3가지 경로가 있다. 첫번째는 우리나라 - 케냐 나이로비 - 안타나나리보에 이르는 항로로 대한항공 - 케냐항공이 연결된다. 두번째는 우리나라 - 홍콩 또는 싱가포르 경유 - 요하네스버그 - 안타나나리보에 이르는 경로로 아시아나 또는 싱가포르항공 - 남아공항공으로 연결되며 매일 운항된다. 세번째는 우리나라 - 방콕 경유 - 안타나나리보에 이르는 경로로 방콕에서 에어마다가스카르가 일주일에 2편 운항된다. 마다가스카르만 방문하거나 방콕을 경유할 경우 최단 거리 항로인 세번째 항로를 추천하지만, 에어마다가스카르가 안전도에서 국제기준을 만족하지 못하는 항공회사이므로 이를 심각하게 고려해야 한다. 그러나 에어마다가스카르 국제선을 이용할 경우 에어마다가스카르가 독점하는 마다가스카르 국내선 항공료를 할인(30~50%)해 주는 제도가 있다. 그러므로 마다가스카르 내에서 시간상 국내선을 이용할 경우에 참고하면 좋다. 시간, 경비, 안전성, 다른 여행과의 연계 등 제반 여건을 고려하여 독자 스스로 가장 합리적인 방법을 선택하기 바란다.

마다가스카르 여행이 시작되는 수도 안타나나리보에서 바오밥을 보기 위해서는 서남부의 툴레아(Tulear) 또는 무룬다바로 이동해야 한다. 여행객들은 바오밥거리가 있는 무룬다바 지역을 선호한다. 대중교통인 택시부르스(마다가스카르의 가장 보편적인 운송수단으로 우리나라로 말하면 15인승 소형버스를 30여 명을 태울 수 있도록 현지화한 교통수단)를 이용하면 안타나나리보(주민들은 주로 타나라고 부름)에서 무룬다바까지 약 16시간 정도 소요된다(포장도로로 총 560km 정도이고, 도로는 비교적 양호한 편임). 그런데 중간에 여러 곳을 들르고, 노후 차량이면 가다가 고장이 나는 경우가 많다. 필자는 마다가스카르에서 택시부르스를 두 번 이용했는데, 한 번은 6시간, 또 한 번은 12시간 지체되어 다음 일정에 차질이 발생한 경험이 있다. 비행기로는 1시간 내지 1시간 30분이 소요되는데 항공료는 할인이 없는 경우 우리나라 돈으로 왕복 54만 원 정도이며, 현지 물가로 보아 매우 비싸다. 이 때문에 필자는 주로 차량과 운전사를 대여하여 식물 채집 및 조사를 수행하고 있다. 4륜구동 차량은 운전사 포함 하루 60~100달러 정도(지역 및 시기에 따라 다름)로 대여가 가능하며, 연료는 본인이 별도 부담해야 하는데, 연료비는 우리나라와 유사하다(주민 소득 및 현지 물가에 비하여 매우 비싼 편임). 차량 대여에 많은 경비가 발생하므로, 여행객 4명 정도가 하나의 SUV 차량을 대여하면 경비를 크게 절감할 수 있다. 필자는 시간을 고려하여 장거리는 비행기로 이동하고, 현지에서 차량을 대여하는 조합 방식을 주로 이용하고 있다.

서부의 무룬다바 지역은 바오밥거리 및 주변의 바오밥 자생지를 둘러볼 수 있는 시작점이면서, 그랜드 칭기 여행의 시작점이기도 하다. 이 작은 해안도시는 여관 등 여행 인프라를 갖추고 있으며, 성수기인 6~9월에는 많은 관광객들이 방문한다. 여기서 바오밥거리까지는 1시간 이내로 접근이 가능하며, 바오밥거리를 배경으로 일출, 석양 등을 감상할 수 있다. 성수기에는 바오밥 나무에 잎이 없어서 경관이 우기보다 못하다. 그러나 우기에 바오밥거리는 접근이 가능하지만, 이외의 지역은 접근이 불가능한 경우가 많다. 따라서 여러 지역을 보려면 건기에 방문해야 한다. 이 지역에서는 그랑디디에바오밥(A. grandidieri), 루브로스티파바오밥(A. rubrostipa), 자바오밥(A. za) 등 3종의 관찰이 가능하다. 바오밥거리와 인근 지역에서 그랑디디에바오밥과 루브로스티파바오밥은 비교적 흔하고, 자바오밥은 드물다.

마다가스카르 서남부 툴레아에서 무룬다바까지 무룸베를 거쳐 비포장도로로 이동할 경우 거리상으로는 280km 정도이지만, 길이 좋지 않아 최소한 2일 소요되고, 그나마도 건기에만 가능하다. 또한 바오밥 자생지들을 모두 들르면 4일이 소요된다. 그러나 이 길에서는 그랑디디에바오밥, 루브로스티파바오밥, 자바오밥 등의 천연림

마다가스카르 북단 디에고베이 지역의 수아레즈바오밥 군락지

을 모두 만날 수 있으며, 무룸베 지역 해안가에 있는 루브로스티파 군락지는 그 경관이 압권이다. 툴레아에서 남쪽으로 이탐푸루까지 이동하는 길에서도 자바오밥의 순수 군락지를 자주 볼 수 있으나, 이 지역도 건기에만 접근이 가능하다.

  마다가스카르 북부에 분포하는 마다가스카르바오밥(*A. madagascariensis*), 수아레즈바오밥(*A. suarezensis*), 페리에바오밥(*A. perrieri*)을 보기 위해서는 육로나 항로를 통해 안치라나나(지역민들은 디에고 수아레즈 또는 약어로 디에고라 부름)에 도착해야 한다. 수도인 안타나나리보에서 디에고까지 대중교통인 택시부르스로는 24시간 이상이 소요되고, 비행기로는 1시간 30분 정도 소요된다. 안타나나리보에서 디에고까지는 매일 항공기가 운항되고, 항공료는 할인이 없을 경우 왕복 54만 원 정도이다. 차량을 렌트하여 타나에서 디에고까지 육로로 이동할 경우 3~5일에 걸쳐 간다. 이동하는 중간에 여러 흥미로운 지역을 조사할 수 있는데, 다양한 바오밥 자생지를 둘러볼 수 있으며, 바닐라, 카카오, 이랑이랑 등 여러 유용식물 재배농장도 들를 수 있다. 따라서 필자는 독자들에게 육로 여행을 추천한다. 시간이 제한적일 경우 비행기

01

로 타나에서 디에고로 이동하여 디에고에서 렌터카를 이용하는 방법도 있다. 편도만 렌터카를 이용할 경우 왕복 일자에 해당하는 비용을 지불해야 한다. 디에고 지역에서 수아레즈바오밥과 마다가스카르바오밥은 프렌치산맥 지역을 방문할 경우 쉽게 볼 수 있다. 페리에바오밥은 앰버산국립공원이나 안카라나국립공원 가는 길에 볼 수 있는데, 최소한 1~2일이 소요되며, 우기에는 접근이 어려운 지역도 있다. 이들 지역의 정확한 위치는 각 종의 후반부에 자세하게 소개하였으니 참조하기 바란다.

호주의 바오밥

호주바오밥은 호주 북서부 킴벌리 지역(노던테리토리주와 웨스턴오스트레일리아주)에 집중 분포한다. 호주의 다른 지역은 들르지 않고, 이 지역의 바오밥 자생지만을 방문한다는 가정 하에 이곳의 접근 방법은 다음과 같다. 먼저 한국에서-싱가포르를 경유하여 호주 북부 다윈시에 도착할 수 있다. 싱가포르항공의 자회사가 싱가포르-다윈

01-02 호주 북서부 윈담 근처의 호주바오밥 자생지

구간을 매일 운항한다. 다윈시(인구 8만 명)는 진화론의 창사자 다윈의 이름을 따온 도시로, 다윈 자신은 이 도시를 들른 적이 없고, 다윈이 타고 여행하였던 비글호가 그 다음 번의 3차 항해에서 들른 도시이다. 그 당시 선장 존 위크햄이 다윈을 기리기 위하여 포트 다윈이라고 명명한 것에서 유래하였다. 다윈공항은 작지만, 입국심사 절차가 까다롭기로 유명한 공항 중 하나로, 모든 짐을 다 풀어서 전수 검사한다. 필자는 다윈공항에서 차량을 렌트하여 바오밥 자생지를 돌아보는 데 약 3,000km 정도를 운전하였다.

호주바오밥은 그레고리국립공원의 팀버크릭에서부터 쿠누누라, 윈담, 더비에 이르는 지역에 서식밀도가 높고, 자생 지역을 쉽게 볼 수 있다. 특히 쿠누누라 지역은 주변에 재식 및 자생하는 호주바오밥이 많아 쉽게 호주바오밥들을 감상할 수 있다. 시드니에서 쿠누누라(인구 6,000명)에 이르는 국내선 항공도 있으니 참조 바란다. 이들 지역에서는 역사적으로 유명한 고목인 그레고리바오밥, 윈담 죄수나무, 더비 죄수나무 등도 확인할 수 있다. 호주바오밥은 우기가 시작되는 11~12월에 주로 개화하므로, 꽃을 보기 위해서는 이때 방문해야 한다. 건기인 5~10월에는 잎이 없고 수형만 관찰이 가능하다. 그러나 건기가 여행 성수기이고, 우기는 여행 비수기이며 매우 무더우므로 여행 일정을 계획할 때 유의하기 바란다. 또한, 우기에는 기상상황에 따라 차량 통제구역이 시시각각 변하므로, 갈 수 없는 지역이 자주 발생한다. 우기에는 일기예보를 잘 확인하여 방문일자를 조정해야 한다. 또한, 역사적인 바오밥 나무들에 접근하기 위해서는 비포장도로를 가야 하므로 4륜구동 차량이 필수적이다. 호주바오밥 자생지 및 고목들의 위치 및 접근 방법에 대하여, 이 종의 후반부에 자세히 기술하였으니 참조 바란다.

• 참고문헌

Baum, D.A. 1995. The comparative pollination and floral biology of baobabs (*Adansonia*-Bombacaceae). Annals of the Missouri Botanical Garden 82: 322–348.

Baum, D.A. 1995. A systematic revision of *Adansonia* (Bombacaceae). Annals of the Missouri Botanical Garden 82: 440–471.

Baum, D.A. Oginuma, K. 1994. A review of chromosome numbers in Bombacaceae with new counts for *Adansonia* (Bombacaceae). Taxon 43: 11–20.

Baum, D.A. Small, R.L, Wendel, J.F. 1998. Biogeography and floral evolution of baobabs (*Adansonia*, Bombacaceae), as inferred from multiple data sets. Systematic Biology 47: 181–187.

Leong Pock Tsy, J.-M. Lumaret, R., Flaven-Noguier, E., Sauve, M., Dubois M.-P., Danthu, P. 2013. Nuclear microsatellite variation in Malagasy baobabs (*Adansonia*, Bombacoideae, Malvaceae) reveals past hybridization and introgression. Annals of Botany 112: 1759-1773.

Leong Pock Tsy, J.-M., Lumaret R., Mayne D., Ouild, A., Vall, M., Abutaba, Y.I.M., Sagna, M., Raoseta, S.O.R., Danthu P. 2009. Chloroplast DNA phylogeography suggests a West African centre of origin for the baobab, *Adansonia digitata* L. (Bombacoideae, Malvaceae). Molecular Ecology 18: 1707-1715.

Pettigrew J.D., Bell K.L., Bhagwandin A., Grinan, E., Jillani, N., Meyer, J., Wabuyele, E., Vickers, C.E.. 2012. Morphology, ploidy and molecular phylogenetics reveal a new diploid species from Africa in the baobab genus *Adansonia* (Malvaceae: Bombacoideae). Taxon 61: 1240–1250.

Schwitzer, C., Mittermeier, R.A., Davies, N., Johnson, S., Ratsimbazafy, J., Razafindramanana, J., Louis Jr., E.E., Rajaobelina, S. (eds). 2013. Lemurs of Madagascar: A strategy for their conservation 2013–2016. Bristol, UK: IUCN SSC Primate Specialist Group, Bristol Conservation and Science Foundation, and Conservation International. 185 pp.

Wickens, G.E., Lowe, P. 2008. The baobabs: pachycauls of Africa, Madagascar and Australia. Berlin: Springer.

생명의 나무
바오밥

초판 1쇄 인쇄 2014년 12월 15일
초판 1쇄 발행 2014년 12월 20일

글·사진 김기중

펴낸곳 지오북(**GEO**BOOK)
펴낸이 황영심
편집 전유경, 유지혜
디자인 김진디자인

주소 서울특별시 종로구 사직로8길 34, 오피스텔 1321호
(내수동 경희궁의아침 3단지)
Tel_02-732-0337
Fax_02-732-9337
eMail_book@geobook.co.kr
www.geobook.co.kr
cafe.naver.com/geobookpub

출판등록번호 제300-2003-211
출판등록일 2003년 11월 27일

© 김기중, 지오북 2014

ISBN 978-89-94242-32-3 93480

이 책에 수록된 자료의 일부는 한국연구재단의 2014 한-아프리카 협력기반조성사업으로 수집되었습니다.

이 도서의 국립중앙도서관 출판시도서목록(CIP)은 서지정보유통지원시스템 홈페이지
(http://seoji.nl.go.kr)와 국가자료공동목록시스템(http://www.nl.go.kr/kolisnet)에서
이용하실 수 있습니다. (CIP제어번호: CIP2014031564)